Das Buch

Die natürliche Pferd-Mensch-Beziehung ist das Thema dieses zweiten Buches von Ariane Schurmann und Edwin Wittwer, und auf gewohnt faszinierende Art vermitteln sie uns hier, was einen AsvaNara, einen echten natürlichen PferdeMenschen ausmacht. Im ersten Teil des Buches geben die Autoren Antworten auf Fragen, die bei der Entwicklung zum AsvaNara auftauchen können – Fragen, die wir bisher vielleicht nicht zu stellen gewagt haben. Im darauf folgenden Praxisteil, der sich mit dem Aufbau der natürlichen Beziehung zwischen Pferd und Mensch beschäftigt, teilen die Autoren mit uns Lesern Erfahrungen aus ihrer langjährigen Arbeit mit Pferden und stellen Konzepte, Prinzipien und Übungen auf gut verständliche Weise vor. Bewegende Fallgeschichten aus der Sicht von Pferden bilden den dritten Teil des Buches, in dem wir erfahren, wie das Leben der edlen Tiere in der Menschenwelt häufig ist – und wie es sein sollte …

Die Autoren

Ariane Schurmanns Leidenschaft waren schon immer die Pferde, vor allem die tiefe, wahre Beziehung zu den edlen Tieren. Sie ist mit vielen natürlichen PferdeMenschen durch die ganze Welt gereist und hat viele Erfahrungen gesammelt. In den USA ließ sie sich zur »Pferdeflüsterin« ausbilden und lernte dabei ihren heutigen Ehemann Edwin Wittwer kennen, der seit mehr als 14 Jahren als professioneller Trainer und Ausbilder der natürlichen Pferd-Mensch-Beziehung arbeitet. Mehrere Jahre lang war er der persönliche Assistent von Pat Parelli und anderen bekannten PferdeMenschen. Zusammen widmen sie ihr Leben nun der Mission, Bewusstsein und Heilung in die Pferdewelt zu bringen. Sie haben die innovative natürliche Kommunikationsmethode Natural Horse-Man-Ship 1997 nach Italien gebracht und 2007 in der Toskana die Akademie AsvaNara gegründet, in der Menschen lernen, wirklich mit Pferden zu kommunizieren.

www.asvanara.com

Ariane Schurmann • Edwin Wittwer

AsvaNara – PferdeMensch

Mit Pferden kommunizieren

Schirner
Verlag

Die in Teil II dieses Buches vorgestellten Übungen haben sich in der langjährigen Arbeit der Autoren mit Pferden bewährt. Den Lesern wird ausdrücklich empfohlen, diese Übungen mit ihrem Pferd zunächst nur in Anwesenheit erfahrener Instruktoren zu machen. Grundsätzlich ist bei jeder eigenständigen Durchführung das Risiko eines Schadens für Mensch, Tier oder Gegenstände sorgfältig zu prüfen. Weder die Autoren noch der Verlag übernehmen eine Haftung.

ISBN 978-3-8434-1003-8

Ariane Schurmann & Edwin Wittwer:
AsvaNara – PferdeMensch
Mit Pferden kommunizieren
© 2011 Schirner Verlag, Darmstadt

Umschlag: Murat Karaçay, Schirner
Fotografien: Jessica Aldeghi,
Federica Ginanni Corradini,
Stefano Secchi und AsvaNara Collection
Redaktion: Tamara Kuhn, Schirner
Satz: Simone Wenzel, Schirner
Printed by: OURDASdruckt!, Celle, Germany

www.schirner.com

2. Auflage Mai 2012

Inhalt

TEIL I
Fragen und Antworten   15

TEIL II
Die natürliche Kommunikation

ÜBERBLICK

PFERDE & MENSCHEN

Für die
Pferde

Ein Gefühl umarmt mich

Ein Gefühl umarmt mich,
während ich Euch zuschaue –
Pioniere einer Botschaft,
antik und verloren.
Offene Hände, leicht wie Federn,
berühren sanft, wie im Liebesspiel.
Freundschaftlicher Blick, aufmerksam,
weil niemand voreingenommen ist.

Ein Gefühl umarmt mich,
während ich Euch zuschaue –
selbstvergessen in diesem Tanz
mit Euren Spielgefährten.
Und das Universum lächelt …

Jetzt seid auch ihr zurückgekehrt,
um Teil zu sein vom Ganzen,
auf dieser Reise,
die Euch den Weg weist
zum echten PferdeMenschen.

Fiorinda Pedone

Vorwort

Liebe Leserin, lieber Leser,

wir danken dir zutiefst dafür, dass du diese Zeilen liest. Wir haben uns beim Schreiben dieses Buches vorgestellt, dass wir dir in die Augen schauen und dir erzählen, was uns am Herzen liegt.

Unser größter Wunsch ist es, dass unsere kleine Konversation dein Herz berührt, denn dann wirst du vielleicht losgehen, um einen Unterschied zu machen – in deinem Leben, im Leben der Pferde und im Leben anderer Menschen. Wenn du auf diese Weise andere PferdeMenschen berührst und diese wiederum andere berühren, können wir zusammen erreichen, dass alle PferdeMenschen ihrem Herzen zuhören und die dunklen Zeiten der Pferd-Mensch-Beziehung ein Ende haben. Die Zeit ist reif für eine Veränderung. Das natürliche Wissen ist nicht neu, es war nur tief in uns vergraben – und jetzt kommt es endlich zurück ans Licht.

Wie kaum ein anderes Tier hat das Pferd die Eigenart, in uns Menschen sämtliche Gefühle auszulösen, die zu verspüren wir fähig sind – Gefühle von tiefer Bewunderung ihrer stolzen Anmut bis hin zu unbeschreiblicher Freude, aber auch Gefühle wie Angst, Frustration, Wut und Aggression. Seit Anbeginn der Reiterei wurden Pferde von den Menschen meist unter Anwendung von Gewalt dominiert und ausgenutzt. Heute sind wir gar nicht mehr auf Pferde angewiesen, und trotzdem finden immer mehr Menschen ihren Weg zu ihnen.

»AsvaNara« ist Sanskrit und heißt »PferdeMensch«.
Sanskrit ist eine der ältesten Sprachen der Menschheit,
eine echte Seelensprache. Sie hilft uns, die verloren
geglaubte Beziehung zu unserem wahren Sein wiederzufinden.

Dieses Buch soll dabei helfen, die Beziehung zwischen Pferd und Mensch
zu einer echten Partnerschaft wachsen zu lassen, einer Partnerschaft zwischen zwei unterschiedlichen Lebewesen, mit gegenseitigem Respekt und
Vertrauen. Pferde sind gute Lehrmeister, sie können uns lehren, uns selbst
zu erkennen und unsere Beziehungen nicht auf Gewalt und Unterdrückung
aufzubauen, sondern in gegenseitiger Freundschaft zu leben.

Die Zeit ist da – wir alle spüren es in unserem Inneren, wenn wir der Symphonie des Universums einen Moment zuhören. Jedes Pferd ist bereit, uns
dabei zu helfen. Asva und Nara, Pferd und Mensch. Eine Verbindung, die es
verdient, geheilt zu werden. Pferde und Menschen, zusammen, auf natürliche Weise, das ist unsere Vision für die Zukunft. Deshalb ist es unsere Mission, Licht und Heilung in jede Pferd-Mensch-Beziehung zu bringen.

Danke, dass du uns dabei hilfst.

Dieses Buch ist aus unserer Einheit entstanden … Wir sind eine Frau und ein
Mann, die zusammen auf dem Weg des Pferdes gehen.

Ariane & Edwin

TEIL I
Fragen und Antworten

Viele Menschen lieben Pferde und wünschen sich eine gute Beziehung zu diesen edlen Tieren. Doch die wenigsten finden Antworten auf die Fragen, die ihnen auf dem Entwicklungsweg zu einem natürlichen PferdeMenschen begegnen. Im folgenden Teil finden sich viele Antworten auf solche Fragen, vielleicht auch auf solche, die du noch gar nicht zu stellen gewagt hast.

Für ein Pferd sind Transparenz und Wahrhaftigkeit unendlich wichtig, denn es spiegelt immer genau denjenigen, der gerade mit ihm zusammen ist. Möge unser Buch auf spielerische Weise mit alten Mythen aus der traditionellen Reiterei aufräumen.

»Du kannst Dinge tun, die ich nicht tun kann. Ich kann Dinge tun, die du nicht tun kannst. Zusammen können wir große Dinge tun.«

Mutter Teresa

Was sind Pferde für uns?

Nun, geschrieben steht, dass Pferde von Natur aus Fluchttiere und Herdentiere sind. Aber wie kamen Pferde und Menschen, von Natur aus Raubtiere, zusammen? Ich, Ariane, stelle mir vor, dass vor ein paar Tausend Jahren eine Frau ein Pferd gesund pflegte. Die Frau war, als sie zu einem anderen Stamm reiste, von ihrem Weg abgekommen, und der Winter hatte sie überrascht. So hatte sie sich eine notdürftige Höhle bereitet, in der sie den Frühling abwartete. Sie hatte die wild lebende Stute halb tot gefunden, weil sie von Raubtieren gejagt und angegriffen worden war, ihnen aber wie durch ein Wunder entkommen konnte. Die Frau war in der Heilkunst bewandert und nahm die Situation in die Hand. Da uns das, was wir brauchen, stets zur Verfügung steht, fand auch sie im Umkreis die richtigen Kräuter, versorgte so das verschreckte Tier und schaffte es sogar, es dazu zu bewegen, die wenigen Schritte bis zu ihrer Höhle zu humpeln. Dort brach die Stute zusammen und fiel in einen tagelangen fiebrigen Schlaf, während die Heilerin ihr mit all ihrem Können beistand. So verging eine Woche. Dann stand die Stute auf. Sie vertraute der Frau, die ihr das Leben gerettet hatte, und blieb in der Nähe der Höhle. Es dauerte einige Monate, bis sie vollständig geheilt war und wieder richtig laufen konnte. In diesen Monaten entwickelten die beiden eine enge Freundschaft und gingen auch zusammen auf Streifzüge. Eines Tages, als die beiden wieder unterwegs waren, stellte die Stute sich quer vor die Frau. Diese verstand die Position als eine Einladung und legte erst ihre Arme, dann ihre Beine über den Pferdekörper. Die Stute stand still wie eine Statue und genoss diesen engen Kontakt mit ihrer neuen Freundin. Wenige Tage später ließ sich die Frau von ihrer neuen Freundin über weite Strecken tragen, mal gemächlich, mal rasend schnell.

Diese beiden Individuen legten meiner Vorstellung nach den Grundstein für die Verbindung zwischen Pferd und Mensch – Asva und Nara, eine Herzensverbindung. Einer für beide, und beide für alle. So war vielleicht die erste Pferd-Mensch-Beziehung geboren. Vielleicht war es aber auch ganz anders. Wer weiß …

Die Beziehung zwischen Pferd und Mensch ist in jedem Fall von Grund auf natürlich, aus der Natur heraus entstanden. Beide Lebewesen bringen etwas Besonderes mit, um die tiefe Schlucht, die sich eigentlich zwischen zwei grundlegend gegensätzlichen Gattungen befindet, zu überwinden ... Ist es Liebe? Verständnis? Offenheit? Ein höherer Auftrag? Schönheit? Stärke? Licht? Neugierde? Wissensdurst?

Sicher sind Pferde Sonnenwesen. Sicher haben sie ein großes Herz. Sicher sind sie sowohl mit dem Weiblichen als auch mit dem Männlichen in uns stark verbunden. Sie sind es, die den Wunsch der Einheit, der Verschmelzung und auch der Vollendung in uns wachrufen. Pferde verwirklichen uns den Traum von Schnelligkeit und Stärke. Welcher Mensch ist nicht »jemand Besonderes«, wenn er sich auf dem Rücken eines Pferdes befindet? Pferde tragen Götter, Göttinnen, Gotteswesen. Pferde haben in der Menschheitsgeschichte aktiv für uns gearbeitet, sie haben uns getragen, für uns gezogen, geackert, gekämpft ... sie haben unsere Kommunikation und unser Reisen ermöglicht, sie haben uns buchstäblich in den Himmel getragen, immer höher, weiter, schneller, besser. Sie verdienen Geld für uns, sie krönen uns mit ihrer Schönheit. Sie geben sich hin. Grenzenlos.

Pferde sind Freiheit. Sie sind die Freiheit, zu sein, von Moment zu Moment. Sie sind Reinheit, und zwar in der reinsten denkbaren Form. Sie sind Spiegel, die genau das spiegeln, was in sie hineinschaut. Ohne Wertung. Das ist ein großer Schlüssel der Freiheit.

Pferde sind einfach pure Liebe. In ihrer Essenz.

Was heißt »natürlich«?

Ja, was ist eigentlich natürlich? Ist es natürlich, ein Raubtier zu sein, Fleisch zu essen und deshalb andere auszubeuten? Ist es natürlich, in Wettbewerben und Kriegen gegeneinander zu kämpfen und das »Besser-sein-Wollen« auszuleben? Ist es natürlich, das zu tun, was alle anderen tun, nur weil es eben alle anderen tun? Ist es natürlich, mit 50 Jahren krank zu werden und mit 70 Jahren an dieser Krankheit zu sterben? Ist es natürlich, dass Geld die Welt regiert?

So vieles galt über so viele Jahrhunderte als »natürlich«, dass wir doch gar nicht mehr wissen, was wirklich natürlich ist. Der Mensch ist ein Meister im Verwirren, er schafft es, das Normale als etwas Natürliches zu verkaufen und entfernt sich dabei beständig weiter von der eigentlichen Natürlichkeit. Das ist normal. Normalsein ist in. Normal ist es, Angst zu haben, sich Sorgen zu machen. Das machen alle. Was alle machen, ist in diesem Zeitalter normal – was nur wenige tun, ist natürlich. Normal ist es, die Umwelt zu belasten und keine Zeit für seine Kinder, seinen Partner und andere zwischenmenschliche Beziehungen zu haben. Normal ist es, im Stress zu leben. Normal ist es, zu hungern. Normal ist es, alle Probleme zu spüren, aber so zu tun, als seien keine da. Oder nur seine eigenen

Probleme lösen zu wollen, das ist auch normal. Normal ist es, immer mehr zu wollen und nie genug zu bekommen. Normales Essen, normale Mode, normale Farben, normales Einkommen, normaler Urlaub, normales Leben und Sterben … Schau, was alle anderen tun, mach das Gegenteil, und du hast gute Chancen, natürlich zu sein.

Eines ist sicher: Die Beziehung zwischen Mensch und Pferd ist natürlich! Kein anderes Fluchttier hatte je den Wunsch, sich mit uns zu verbinden. Wenn die Pferd-Mensch-Beziehung natürlich ist und sich über Jahrtausende gehalten hat, sozusagen gegen jede Widrigkeit, was ist sonst noch natürlich? Die Jahreszeiten. Ein- und Ausatmen. Sich bewegen. Dem Klang des Herzens zuhören. Sich führen lassen von der inneren Stimme. Die angeborenen Talente leben und entfalten. Natürlich ist es, im Überfluss zu leben wie die Natur. Ein Apfelbaum macht sich keine Sorgen, wie viele Äpfel er produziert und wer sie wohl kaufen wird. Eine Stute in freier Natur macht sich keine Sorgen darüber, wie viele Fohlen sie gebären wird und ob sie auch genug Zeit und Mittel hat, um sie überhaupt großzuziehen. Sie bekommt Fohlen, basta. Klar, auch die künstliche Befruchtung funktioniert, aber mit welchen Konsequenzen, welchen gesundheitlichen Problemen, welchen Sorgen? Sie ist einfach nicht natürlich. Viele Stuten nehmen die Frucht nicht an. Manchmal sind sie dann »endlich« tragend, akzeptieren aber ihr Fohlen nach der Geburt nicht. Künstlich gezogen, künstlich eine Rasse geschaffen … In der Natur würde dieses kleine Wesen nicht lange auf dem Planeten weilen. Die Stute weiß das, ihr natürlicher Teil weiß Bescheid. Sie kann sich nicht wehren gegen das künstliche Leben, aber ihre Natur, die behält sie.

Wie viele Menschen würden in der Natur noch überleben? Ist es nicht schockierend, herauszufinden, dass es nur wenige gibt, die eins mit der Natur sind? Die meisten Menschen glauben immer noch das Märchen, dass der Mensch der Herr der Schöpfung sei und sich diese gedankenlos untertan machen solle.

Natürlich ist das, was wir ganz tief in unserem Inneren wissen. Die Wahrheit ist Natur. Die Einheit mit den Naturgesetzen, die tief in jedem Lebewesen angelegt ist. Ein inneres Wissen, das jeder von uns kennt.

Wie ist das Leben für Pferde natürlich?

In jedem gezähmten Pferd lebt ein Wildpferd. In jedem Wildpferd lebt ein gezähmtes Pferd. Das Pferd ist das einzige Fluchttier, das gewählt hat, sich zähmen zu lassen. In ihm lebt der Wunsch, mit dem Menschen »eins« zu werden, der Wunsch zu dienen, Teil des Lebens auf der Erde zu sein. Wenn das nicht so wäre, dann wäre das Pferd höchstwahrscheinlich schon ausgestorben. In der heutigen Zeit dient es nicht mehr als Transportmittel. Aber trotzdem will es neben uns stehen. Aus Milliarden von Gründen hat es gewählt, bei uns zu bleiben. Aber wir halten es als Haustier, in den Reitställen, in der Box, allein in kleinen Paddocks. Wer von uns hat je einmal daran gedacht, das Pferd zu fragen, wie es leben würde, wenn es wählen könnte?

Jedes Pferd hat drei Grundbedürfnisse, die sein Überleben sichern:

Sicherheit

Als erstes muss ein Pferd sich sicher fühlen können, und das ist nur der Fall, wenn es Raubtiere jederzeit sehen, hören oder intuitiv erfassen kann. Warum zum Beispiel fürchten sich an windigen Tagen viele Pferde vor jeder Bewegung, warum scheint es, als verstecke sich in jeder Ecke ein Gespenst? Nun, weil alles in Bewegung ist, sind sie nicht sicher, ob sich nicht hinter dem nächsten Busch ein Raubtier versteckt. Der Adrenalinspiegel im Körper des Pferdes bleibt an solchen Tagen hoch, und das Tier kann sich nicht entspannen. Mutter Natur sagt ihm: »Bewege dich, du könntest von einem Moment zum anderen gefressen werden.« Das Leben in einer geschlossenen Box, umgeben von RaubtierMenschen, fühlt sich für ein Pferd nicht sehr sicher an. Es träumt von weitem, natürlichem Gelände und der Zugehörigkeit zu einer sicheren Herde. Nur ein Pferd, das sich im Umkreis seiner Fluchtdistanz, die zwischen 50 Metern und einigen Kilometern variiert, sicher vor Raubtieren jeglicher Art fühlt, kann sich endlich entspannen. Das Adrenalin wird durch Endorphin ersetzt, ein körpereigenes Glückshormon. Erst dann kann sich ein Pferd um sein zweites Grundbedürfnis kümmern.

Bequemlichkeit

Was ist für ein Pferd »bequem«? Ein geschlossenes, geheiztes Zimmer und ein weiches Bett? Ganz und gar nicht. Bequemlichkeit bedeutet für ein Pferd wenig Bewegung, Energie sparen, fressen, trinken und sich sonnen. Pferde können sogar richtig faul wirken, denn sobald sie sich sicher fühlen, verspüren sie nicht viel Bewegungstrieb. Ein Pferd findet Bequemlichkeit auf den großen Prärien, in offenen Landschaften, auf dem Gipfel eines Hügels mit einem Panorama von 360 °, in seiner Bewegungsfreiheit – und in der Herde. Denn in einer Herde ist die Chance, ein sich annäherndes Raubtier zu bemerken, sehr viel größer, als wenn ein Pferd allein aufpasst. Je mehr Augen schauen, desto mehr wird gesehen; je mehr Ohren hören, desto mehr wird gehört. Wirklich entspannt ist ein Pferd nur in einer Herde.

Spiel

Das dritte Grundbedürfnis für ein Pferd ist das Spiel. Spielen bedeutet leben. Durch das Spiel wird die Rangordnung bestimmt, Geschicklichkeit und Stärke werden ausgebildet. Durch das Spiel steigen Pferde in der

Rangordnung auf, und das bedeutet mehr Futter, mehr Wasser und mehr Freunde. Beim Spielen wird die Muskulatur der Hinterhand gestärkt, die der Vorhand ebenfalls, ja, die des ganzen Körpers. Spielen heißt auch Vergnügen. Mutter Natur sagt: »Je besser du spielen lernst, desto besser wird deine Lebensqualität sein.«

Pferde spielen in der Herde immer! Es können kaum wahrnehmbare Spiele sein, wie Blicke, Bewegungen der Ohren, des Schweifes, des Halses, oder gut sichtbare Spiele, wie z. B. das Spiel zweier Hengste, die steigen, um sich gegenseitig in den Hals zu beißen und das Spiel zu gewinnen. »Wer beißt besser?«, »Wer ist schneller und athletischer?«, »Wem gelingt es, den anderen festzuhalten?« Es können Bewegungsspiele sein wie: »Wem gelingt es, die Füße des anderen Pferdes zu bewegen?«, »Wem gelingt es, ein anderes Pferd mit Körperdruck viele Meter wegzubewegen?«, »Wem hingegen gelingt es, den anderen nur durch einen Blick mehrere Schritte zu bewegen?« Stets erfinden sie neue Spiele, denn der Grad ihrer Kreativität kann auch ihre Position in der Rangordnung bestimmen.

Wenn Pferde dann mit uns Menschen zusammen sind, möchten sie genauso spielen wie in der Herde. Manche von ihnen erfinden Spiele, die für uns schmerzhaft sind, wie: »Für wie viele Sekunden gelingt es mir, meinen Fuß auf dem meines Menschen zu behalten?« Durch Strafen könnten wir die angeborene Spiellust der Pferde nie zerstören. Das funktioniert ganz einfach deshalb nicht, weil es gegen ihre Natur ist. Nur wenn wir die Seele eines Pferdes zerstören, wird es aufhören zu spielen, und das geschieht unnötigerweise leider immer noch. Dabei genügt es, wenn wir mit dem Pferd spielen und die Energie des Spiels für die von uns gewünschten Dinge nutzen.

Das Leben ist natürlich für ein Pferd, wenn seine drei Grundbedürfnisse in unserer Menschenwelt befriedigt werden.

Es müsste ein »Grundgesetz für Pferde« geben, in dem jedem auf diesem Planeten lebenden Pferd das Recht garantiert wird, seinen drei Grundbedürfnissen gemäß zu leben. Tiere im Zoo haben es besser als jedes normal gehaltene Reitpferd, denn die Zooleitung bemüht sich darum, die Tiere so artgerecht wie möglich zu halten. Reitpferde in Boxen einzupferchen sollte verboten werden.

24

Was bedeutet Pferden die Herde?

Wenn ein Pferd in der Herde lebt, fühlt es sich sicher. Unserer Erfahrung nach besteht eine Herde aus mindestens sieben Pferden beiderlei Geschlecht. Jedes Pferd, das in eine Herde kommt, nimmt seinen Platz in der Rangordnung ein und entspannt sich. Es weiß, dass die anderen, vor allem die dominanten Pferde, sich auch um sein Überleben kümmern werden und es nicht mehr allein für alles sorgen muss. Es nimmt wieder den Platz ein, den Mutter Natur vorgesehen hat. Pferde sind Herdentiere – versuche, ein Pferd von seiner Herde zu entfernen, und es wird wiehern, rennen, Angst haben und dich nicht hören. Und dann sagt man, ein solches Pferd sei »herdenverrückt«. Das stimmt überhaupt nicht, es ist nur sein Grundbedürfnis nicht erfüllt, die Sicherheit, die die Herde ihm bietet. Sobald es uns gelingt, eine Beziehung zu unserem Pferd aufzubauen und seine »Herde« zu werden, wird es die Sicherheit zurückgewinnen und sich entspannen. Kurz gesagt ist dies das Geheimnis aller Pferdeflüsterer.

Die Herde bietet Sicherheit, Bequemlichkeit und die Möglichkeit des Spiels.

Ein Pferd, das das Glück hat, sicher in einer Herde zu leben, kann jeden Tag Bequemlichkeit und Spiel genießen. Die Bequemlichkeit, mit einem Freund stundenlang Kopf an Schweif in der Sonne zu stehen und sich gegenseitig die Insekten zu verscheuchen. Die Bequemlichkeit, 16 Stunden am Tag zu fressen, sich zusammen mit den anderen Pferden von einem Ort zum anderen zu bewegen. Die Bequemlichkeit, sich lange Entspannungsphasen zu gönnen, während die anderen aufpassen. Die Bequemlichkeit, einfach pferdegemäß zu leben.

Wie ist das Leben in der Herde?

Die Herde ist eine Gemeinschaft von Pferden, in der die Rangordnung das Grundelement ist. Wenn wir eine Herde mit 13 Pferden haben, so hat die Rangordnung dieser Herde auch genau 13 Plätze. Jedes Herdenmitglied nimmt einen Platz von 1 bis 13 ein, es können nicht zwei Pferde in der gleichen Position sein. Das Hinzufügen eines neuen Pferdes kann viel oder wenig Chaos in der Rangordnung bewirken, das hängt vom Grad der Natürlichkeit des Pferdes und von seinem Charakter ab. Bis eine neue, gesunde Ordnung wiederhergestellt ist, kann es von wenigen Stunden bis zu einigen Monaten dauern.

Zunächst stabilisiert sich die Hierarchie auf passive Art – die Herde erfasst die verfügbare Kraft des neuen Pferdes intuitiv, d. h., wenn das neue Pferd gesund, robust und glücklich ist sowie über ein gutes Selbstwertgefühl verfügt, aber nicht außerordentlich dominant ist, dann wissen die anderen Pferde innerhalb weniger Sekunden, welchen Platz der Neuling einnehmen wird. Später, in der aktiven Phase der Positionssuche, die sich durch viel

Bewegung, Tritte, Bisse und Laute auszeichnet, lässt sich beobachten, dass besagtes Pferd nur mit Pferden spielen wird, die nahe an seiner eigenen Position sind. Wenn es z. B. Nummer 5 in der Herde ist, wird es mit Nummer 7, 6 und vielleicht 4 spielen, aber nicht mit Nummer 1 oder 10.

Auch wenn diese Positionen der Rangordnung feststehen, sind sie dennoch flexibel. Es kann passieren, dass ein Pferd, dessen Position normalerweise Nummer 5 ist, wenn es um seine Position am Heu oder am Futtertrog geht, zur Nummer 3 wird. Einige Stunden später, beim Trinken am See, kann seine Position bis zu Nummer 6 sinken. Die Hierarchie ist also in ständiger Bewegung und hängt auch von den Herausforderungen ab, die Mutter Natur für die Herde bereithält. Die Position in der Hierarchie hängt ab vom Fluchtverhalten, vom Futter, vom Wasser, vom Spiel, von der Gesundheit und dem Gemütszustand (z. B. kann ein Pferd nach einer Niederlage zwei Positionen statt einer »verlieren«, von 5 zu 7 absteigen, weil seine »Schwäche« von anderen Pferden ausgenutzt wird). Die Rangordnung ist also ständig in Bewegung.

Wer ist das dominanteste Pferd in der Herde? Generell denkt man an den Hengst, doch Mutter Natur hat zwei dominante Anführer vorgesehen, um das Überleben der Herde zu sichern: die Alphastute und den Alphahengst. Die Alphastute, oft betagt und sehr weise, leitet die Herde mit ihrer

Erfahrung. Sie weiß, wo das beste Futter zu finden ist, wo es reines Wasser gibt, sie kennt die Bewegungen der Raubtiere, sie weiß, wie in Gefahrenmomenten zu reagieren ist, und sie kennt die Richtung, in die sich die Herde bewegen muss, um all ihre Bedürfnisse zu erfüllen. Die Alphastute ist der wahre »Leader« der Herde, sie hat sozusagen die Mutterrolle. Der Alphahengst hat eine andere Aufgabe: Er sorgt dafür, dass alle Pferde, auch die »Teenager«, der Alphastute folgen, dafür, dass alle zusammenbleiben. Er hält andere Hengste und unerwünschte Pferde fern und beschützt die Herde vor Eindringlingen. Der Alphahengst würde auch mit einem Raubtier kämpfen, wenn er keine Fluchtmöglichkeit mehr hat. Grundlegend erfüllt er die Vaterrolle in der Herde.

Es kommt vor, dass sich innerhalb einer Herde zwei oder drei Gruppen bilden. Sie bestehen aus Pferden, die Freundschaft geschlossen haben und alles zusammen machen. Sie sind unzertrennlich … wo einer ist, sind auch die anderen. Es gibt in einer Herde auch starke Familienbande, oft lebt eine Stute mit ihren Kindern zusammen, oder mehrere Fohlen einer Stute sind stets gemeinsam anzutreffen. Manchmal passiert es aber auch, dass die Freundschaft schlicht auf der gleichen Fellfarbe gründet … fast wie in der Menschenwelt.

Schauen wir uns einen typischen Tag in der Herde an: Die Hauptbeschäftigung ist das Fressen, das 16 Stunden des Tages in Anspruch nimmt. Den Rest der Zeit wird geruht und gespielt. Manchmal, aber nicht oft, müssen Pferde vor einem (durchaus auch vermeintlichen) Raubtier fliehen. Einmal am Tag gehen alle auf Wassersuche.

Von außen gesehen mag das Herdenleben monoton, gar langweilig erscheinen. Aber wenn wir lernen, die Pferdesprache zu verstehen, dann werden wir sehen, dass dieses Leben höchst interessant ist, denn die Kommunikation kommt in einer Herde nie zum Erliegen. Die Körpersprache besteht aus Gesten, aus kleinsten Bewegungen, Haltungen des Halses, des Schweifes, der Beine, aus schnellen Wendungen, aus Bewegungen der Ohren und Augen, aus geweiteten Nüstern … In der Herde herrscht eine intelligente Ordnung, von der wir Menschen uns eine Scheibe abschneiden könnten.

Das Herdenleben ist faszinierend, es erfolgt im Einklang mit den Naturgesetzen, die jedes Individuum respektiert.

Was ist Natural Horse-Man-Ship?

Die große Revolution begann Mitte des 20. Jahrhunderts und ging von den intelligenten Cowboys mit den sanften Händen aus. Sie waren keine »normalen« Cowboys – männlich, brutal, schnell und wortkarg –, denn für sie zählten Verständnis, Sanftheit, Effizienz und das Wohlergehen des Pferdes. So wurde das Natural Horse-Man-Ship geboren, die »Natürliche Pferd-Mensch-Beziehung«. Wieder dieses Wort »natürlich« … Was genau ist der Unterschied zu »normal«? »Natürlich« kommt aus dem Herzen. Es bedient sich der Kommunikation statt mechanischer Mittel. Es benutzt Psychologie statt Gewalt und Einschüchterung.

Wirklich neu ist dieses Wissen nicht, es hat unseren Weg auf der Erde immer begleitet, die Templer wussten Bescheid und auch einige Indianerstämme. Es handelte sich dabei immer um spirituell hoch entwickelte Menschen. So fanden auch einige Cowboys die wahren Werte des Seins in ihrer Essenz. Die großen Meister wie Tom und Bill Dorrance und Ray Hunt schritten der natürlichen Revolution voraus und beeinflussten in vorbildlicher Bescheidenheit eine ganze Generation von PferdeMenschen. Sie hatten es, das Natürliche, sie wurden selten verstanden und gaben trotzdem nicht auf. Indem sie den Menschen die Wahrheit sagten, machten sie sich sogar unbeliebt. Die Pferde liebten sie, gaben alles für sie. Das

beeindruckte die Menschen dann doch, und so machten sie sich mit dem Natürlichen bekannt.

Die natürliche Pferd-Mensch-Beziehung legt den Schwerpunkt zuerst einmal auf »Beziehung«. Zwei verschiedene Lebewesen, noch dazu verschiedenen Arten angehörig, machen etwas zusammen, haben eine *Be-Ziehung*, sie ziehen zusammen irgendwo hin, haben ein gemeinsames Ziel, unternehmen eine Reise, verbringen gemeinsame Zeit. Ein Raubtier (der Mensch) *be-zieht* sich auf ein Fluchttier (das Pferd), und in der Beschäftigung miteinander verwandeln sich beide, es entstehen Vertrauen und Respekt, Gemeinsamkeit und vielleicht sogar Freundschaft und Liebe. »Natürlich« bedeutet, dass in der Beziehung beide Lebewesen die Naturgesetze respektieren, also mit dem verbunden sind, was sie wirklich sind.

Der Mensch übernimmt den größeren Teil der Verantwortung für das Funktionieren der Beziehung, indem er die Pferdesprache erlernt. Er erwartet deshalb nicht, dass das Pferd seine Sprache lernt. Wenn der Mensch die Pferdesprache einigermaßen gut »spricht«, dann arbeitet er an seiner eigenen mentalen, emotionalen und physischen Fitness, um ein ebenbürtiger Partner für das Pferd zu werden. Er erlernt die Gesetze des Herdenverbandes und entwickelt sich immer mehr zu einem natürlichem Leader, der sich dadurch auszeichnet, dass er das Wohlergehen seines Partners Pferd vor sein eigenes stellt. Ein natürlicher Leader geht voraus, er ist nicht der Chef, der andere für sich arbeiten lässt, sondern eher der Visionär eines besseren Lebens für alle Beteiligten.

Das Pferd bringt die Neugierde mit in die Beziehung, es entwickelt Vertrauen, und Schritt für Schritt lässt es sich davon überzeugen, dass der Mensch es nicht essen wird. Es bringt sogar die Bereitschaft mit, etwas Menschensprache zu erlernen, und die Lust, eins zu werden mit diesem Wesen auf zwei Beinen.

> Natural Horse-Man-Ship bedeutet, dass ein Pferd und ein Mensch sozusagen auf einem gemeinsamen Schiff, der Beziehung, in Richtung Frieden und Einheit fahren.

Dies ist ein krasser Gegensatz zu dem, was in der normalen Reiterei meist passiert. Da wird ein Pferd von drei Menschen festgehalten, damit der Reiter aufsteigen kann; da werden, wenn alle Kunden den Stall verlassen haben, »ungezogene« Pferde ausgepeitscht, weil sie »unterworfen« werden müssen und nicht lernen dürfen, dass sie stärker sind als der Mensch; da werden junge Pferde im Alter von 18 Monaten stundenlang trainiert, damit man mit ihnen Rennen oder Turniere gewinnt, und wenn ihre zarten Knochen und Gelenke davon zerbrechen oder sie erkranken, dann werden sie eben geschlachtet; da werden Pferde mit Gewalt und Einschüchterung eingeritten, was lebenslange Traumata verursacht; da werden Pferde mit industriell hergestellter Nahrung ernährt und in kleinen Boxen eingesperrt, um dann an Kolik zu sterben. Da passiert so viel tagtägliches Elend in der normalen Pferdewelt. Für den Menschen ist es auch nicht besser, nur erspare ich mir die Aufzählung seines ganz normalen alltäglichen Wahnsinns … Und alles nur, weil die Naturgesetze nicht mehr bekannt sind und aus diesem Grunde auch nicht respektiert werden können.

Was machen alle heutigen Vertreter des Natural Horse-Man-Ship?

Die »natürliche Szene« ist mittlerweile schon gewachsen, und wie immer, wenn etwas funktioniert, möchte jeder ein Stück vom großen Kuchen abhaben. Außer Pat Parelli und Monty Roberts gibt es viele andere und auch viel Aufruhr: »Ich bin besser«, »Ich kann das«, »Du hast gar nichts verstanden«, »Ich«, »Ich«, »Ich« … So ungefähr konkurrieren die vielen Seminarleiter, Trainer, Heiler, Reiter. Aber was zählt denn wirklich?

Wir leben in einem goldenen Zeitalter, alles ist möglich, es gibt keine Grenzen. Wir sind die Generation, die Freiheit erfahren darf, wir haben die Ehre, beobachten zu dürfen, wie veraltete Muster aufbrechen. Eines dieser Muster ist die traditionelle Reitweise, die immer mehr der Vergangenheit angehört. Einst konnte sie sich entwickeln und verbreiten, weil es berittene Soldaten gab. Diese brauchten sofort gut gehorchende Reitpferde, sie hatten weder die Zeit noch die Einstellung, eine Pferd-Mensch-Beziehung zu entwickeln. So kam es zu ihrer disziplinarischen Reitweise, die ja auch einigermaßen funktionierte und weltbekannt wurde.

Viele Menschen denken leider noch heute, dies sei der einzige Weg, mit Pferden umzugehen, denn wie immer ist die Menschheit etwas langsam und schwerfällig, wenn es um Veränderungen geht. Schon lange ist diese militärische Reitweise überholt, nur wissen die meisten Menschen nichts von der natürlichen, weitaus effektiveren Reitphilosophie, die sie langsam ersetzt … Doch wen wundert das schon? Veränderung macht uns Menschen Angst. Wir leben lieber in der bekannten Hölle als im unbekannten Paradies. Aus diesem Grund dominieren die meisten PferdeMenschen ihre geliebten Pferde auch mit Angsterzeugung, Einschüchterung und mechanischen Instrumenten.

Deshalb ist es doch gut, dass es all die verschiedenen Vertreter des Natural Horse-Man-Ship gibt:

> Sie alle haben den Mut, etwas zu
> verändern, dem Ruf ihres Herzens
> zu folgen und das Neue einzuladen.

Es kommt manchmal vor, dass sie noch nicht so genau wissen, wovon sie reden. Was macht das schon? Sie bringen den Impuls zur Veränderung, und wir beide wünschen uns leidenschaftlich, dass es immer mehr Vertreter der »natürlichen Szene« gibt.

Welches intellektuelle Gut gehört zu wem?

Ja, das ist die große Frage. Copyright. The Seven Games™ … Join up™ … The TTouch™ … Balance Saddle™ … Etc.™ … Wer hat die Pferdesprache entdeckt? Wer hat den Körper des Pferdes studiert und verstanden? Wer hat die Ethologie begründet, die Wissenschaft von der Lebensweise und dem Verhalten der Tiere? Wem gehört dieses ganze Wissen? Was ist meins, und was ist deins? Wo ist die Grenze? Was, wenn mir deine Inhalte und Konzepte gefallen und ich sie zu meinen mache? Oder umgekehrt? Wenn wir an die großen Namen der Geschichte denken, war Kopernikus ein Revolutionär? Einstein ein besonderer Mensch? Van Gogh ein spezieller Künstler?

Namen kommen und gehen, genau wie Menschen. Unser Gedächtnis erinnert sich an das, woran wir uns zu erinnern beschließen. Jeder erlebt die Realität und das Leben anders. Wenn 50 Menschen zu einer Versammlung zusammenkommen, gibt es eigentlich 50 verschiedene Veranstaltungen, denn jeder erlebt sie auf seine Art. Die Geschichte zeichnet das auf, was für die nachkommenden Generationen von Wichtigkeit ist. Ist sie deshalb die Wahrheit? Wer hat die Wahrheit erlebt? Jeder auf seine Weise, jeder durch seinen individuellen Filter. Die echte Wahrheit wohnt im Herzen, über sie kann ohnehin niemand diskutieren.

Wem gehört also in der Pferdewelt was? Nun, so einzigartig jeder Mensch ist, so gleich sind wir alle auch in unserer Essenz. Wenn also jetzt das Zeitalter für einen Wandel angebrochen ist, dann sind die großen Lehrer nichts anderes als Kanäle. Sie haben die Gabe, sich zu öffnen und das Wissen, das allen Lebewesen »gehört« – das für jeden zugänglich wäre, würde er/sie die Gabe haben, zuzuhören und sich zu öffnen –, zu empfangen, zu erleben, zu leben und weiterzugeben. Je besser sie es weitergeben, und hier liegt die Betonung auf »geben«, desto bekannter werden sie, desto mehr Menschen sind ihnen dankbar dafür, dass sie der Kanal waren. Eines der Naturgesetze lautet: »Du wirst ernten, was du säst.« So einfach ist das. Wenn du Erfolg für andere Menschen säst, wirst du mehr Erfolg ernten. Die großen

Lehrer haben eine Veränderung, eine »neue« Lehre, eine Verbesserung der Lebensqualität gesät. Und dann geerntet. Aus vollen Zügen, weil sie es verdienen.

> Jedes intellektuelle Gut gehört allen, nicht nur der Menschheit, sondern allen Lebewesen.

Ab einem gegebenen Zeitpunkt ist es für die Lebewesen zugänglich. Die Kanäle, die es freisetzen, verdienen Ehre.

Und was kümmert das alles die Pferde?

Nichts. Absolut überhaupt nichts. Versuche mal, einem Pferd nach bestandener Reitprüfung oder Ähnlichem einen neuen Sattel, einen neuen Hänger oder ein neues Halfter zu schenken. Es wird keine Miene verziehen, dich keines Blickes würdigen. Pferden sind materielle Güter ganz egal. Auch Auszeichnungen sind uninteressant. Unsere menschliche, künstliche, normale Welt gefällt ihnen nicht, und sie würden auch keinen Pfifferling darum geben, in dieser Welt leben zu »dürfen«. Viele Pferdeliebhaber können das gar nicht glauben, sie möchten ihrem Lieblingstier die schönste Box, die vergoldete Satteldecke, die verzierten Gamaschen bieten … und das Pferd ist nicht interessiert. Es lebt sich schlecht in der künstlichen Welt.

Pferde möchten viel Platz, Weiden, Hügel, Bewegung, eine Herde und Freiheit. Sie lieben Sonne, Regen, Wind, Schnee und Hitze ohne Präferenz. Die Sicherheit, die sie brauchen, finden sie nur im Herdenverband oder bei ihrem Alphatier. Pferde wünschen sich von Herzen, mit einem natürlichen Leader leben zu dürfen, denn dann können sie endlich aufatmen, sind nicht mehr allein verantwortlich für ihr Überleben, können sich entspannen und vertrauen. Im Gegenteil zu Menschen, die fast alle selbst kommandieren wollen, kann ein Pferd es gar nicht erwarten, die Führung jemand Klügerem, Schnellerem, Intelligenterem, Stärkerem und Erfahrenerem abzugeben – und das sind alle natürlichen Leader, ob in Pferde- oder Menschenform.

Die Pferde kümmern sich nicht darum, wer ein Kanal für welches intellektuelle Gut war.

Ihnen ist es gleich, ob ihr Mensch viele Zertifikate, Pokale oder Orden besitzt. Die goldene Box ist immer noch ein Gefängnis … Jedem Pferd ist es egal, wie viel sein Mensch weiß und studiert hat, ihm ist nur wichtig, wie viel der Mensch liebt – es schaut ihm direkt ins Herz. Vielleicht, weil es selbst nur ein kleines Gehirn, aber ein großes Herz hat. Vielleicht, weil es für uns da ist, damit wir unser Herz wieder schlagen fühlen. Für die Pferde, für uns und für die ganze Schöpfung.

Was ist Pferdesprache?

Pferdesprache, Körpersprache, Magie, Pferdeflüstern, Mystik ... Was hat das alles gemeinsam? Die Basis ist die Stille, alles geschieht aus der Stille heraus. Pferde ruhen tief in sich, sind versunken im Moment und doch präsent, anwesend. Pferdesprache geschieht hier und jetzt, in diesem Moment. Und jede Sekunde hat vier Momente, denn Pferde erleben Zeit viel intensiver als wir.

Für ein Pferd bewegen wir Menschen uns mit der Langsamkeit einer Schnecke, und außerdem sind wir irgendwie »gar nicht da«. Du kennst das sicher, wenn du im Auto an einer Kreuzung wartest und dich einmal bewusst umschaust. Überall vor, neben und hinter dir stehen Autos. Drin sitzen jeweils zwischen einem und fünf Menschen, manchmal mehr. Sieh hinein in die Autos – es scheint, als stünden da Hüllen aus Blech, die Menschen verschluckt haben, die gar nicht anwesend sind. Ihre Körper befinden sich zwar in den Blechhüllen, aber ihre Essenz ist ganz woanders ... Sie sind gedankenverloren und starren ins Leere, sie telefonieren, reden, hören Radio ... aber keiner ist jetzt, in diesem Moment, auf dieser Kreuzung voll im Körper anwesend. Es ist ein Wunder, dass nur so wenige Unfälle passieren. Und es ist genauso ein Wunder, dass mit Pferden nur so wenige Unfälle passieren. Denn grundsätzlich haben wir ein großes Kommunikationsproblem: Pferde sind da und präsent, aber wir sind irgendwo anders, in Träumen, Visionen, Plänen, Gedanken. Wir bewegen uns langsam, in Zeitlupe, wie im Traum, und Pferde sind sofort da, jeder Moment bringt eine Änderung, sie sind blitzschnell und beweglich. Da braucht es nicht viel, um sich *miss-zu-verstehen* ...

Also ist Pferdesprache Präsenz, Leben im Hier und Jetzt, im Moment, im Körper. Pferdesprache braucht keine Worte, sie ist so viel präziser als Worte. Sie ist Bewegung, Empfindung, Einssein. Sie ist Wissen, was passieren wird, bevor es passiert. Sie ist Sein, Dasein, genau an dem Ort, an dem es jetzt zu sein gilt, und zu wissen, was zu tun ist. Für uns Menschen ist es eine Bereicherung, die Pferdesprache lernen zu dürfen. Sie macht uns zu besseren Menschen, sie bringt uns zurück ins Gleichgewicht, holt verlorene Anteile aus der Versenkung und reinigt uns von all dem Unsinn, der uns tagaus, tagein verkauft wird. Wir sind Teil des Ganzen, also hören wir auf, der Lüge vom Getrenntsein noch länger zuzuhören. Lernen wir die Pferdesprache, bringen wir unser Leben ins Gleichgewicht und uns selbst zum Strahlen! Pferdesprache ist real, konsequent, erdverbunden, ohne Schnörkel.

Pferdesprache ist reine Wahrheit.

Was ist natürliche Kommunikation?

Wenn deine Ideen, deine Worte, Konzepte oder inneren Bilder bei deinem Gegenüber genau so ankommen, wie du sie gemeint hast und nicht wie es sie durch seine Filter interpretiert, dann handelt es sich um natürliche Kommunikation. Natürlich kommunizieren heißt also, dass du am anderen interessiert bist, einige Kilometer in seinen Hufen, Mokassins oder hochhackigen Schuhen gelaufen bist, ihn und sein Weltbild so weit kennst, dass du auf seine Art deine Idee vorstellen kannst. Du redest doch auch nicht einfach so daher, in deiner Sprache, malst deine Bilder, singst deine Lieder, ohne Rücksicht auf Verluste, nein, es ist dir wichtig, dass deine Idee so verstanden wird, wie du sie aussendest. Natürliche Kommunikation beginnt mit dem Zuhören, vielleicht sogar mit dem Lernen.

PferdeMenschen sind so sehr am Pferd interessiert, dass sie sich selbst vergessen. Das ist echte natürliche Kommunikation.

Willst du mit einem Pferd kommunizieren, dann gehe erst einmal in die Sprachschule, und lerne seine Sprache. Wie soll das Pferd dich denn sonst verstehen können? Du bist an einer Beziehung zu ihm interessiert, vielleicht um es zu reiten, mit ihm zu arbeiten, Turniere zu gewinnen oder schneller zu sein als alle anderen. Also ist es auch deine Verantwortung, dich verständlich zu machen. Du kannst vielleicht von dem Pferd erwarten, dass es einige Wörter deiner Menschensprache verstehen lernt, doch auf diese Weise wird noch lange keine Kommunikation zwischen euch zustande kommen. Es liegt an dir, die Pferdesprache Wort für Wort zu erlernen, wie jede andere Fremdsprache auch. Du wirst eine neue Welt entdecken, die Pferdewelt, mit ihrer Grammatik, ihren Regeln, Nuancen und Feinheiten. Am Anfang magst du das als frustrierend empfinden, etwa so wie Englisch lernen in der Schule, es scheint, als kämst du nicht vom Fleck. Wichtig ist, dass du eine Sprachschule findest, die mithilfe natürlicher Methoden unterrichtet, sonst langweilst du dich vielleicht sehr, genau wie in der gewöhnlichen Schule, und das Lernen geht viel zu langsam voran. Zum Glück gibt es schon einige natürliche Schulen für Pferdesprache auf der Welt, sodass deine Frustration über die anfänglich wenigen Vokabeln schnell in Begeisterung über die ersten Sätze und kurzen Unterhaltungen mit deinem Pferd umschlagen kann.

Natürliche Kommunikation ist ein Austausch von Faszinationen – du bist vom Pferd und seiner Welt fasziniert, und das Pferd von dir und deinem ehrlichen Interesse an ihm. Zusammen kann euch dann eine gemeinsame Idee, ein gemeinsames Projekt, gemeinsam verbrachte Zeit so faszinieren, dass ihr beginnt, euch wirklich zu lieben. Natürliche Kommunikation baut Brücken, schafft Gemeinsamkeit, bringt Verständnis, Spaß und letztendlich Einheit und Verehrung. Sie findet mit offenem Herzen statt, und sie geschieht spontan und mit gegenseitigem Respekt und Vertrauen.

Normale Kommunikation, das, was wir heute leider fast jeden Tag praktizieren, ist einseitig, zielgerichtet, bringt Trennung und Streit, der bis zum Krieg führen kann, geht vom Sprecher und seinen Bedürfnissen aus und zielt häufig nur auf Profit ab. Normale Kommunikation ist in der Pferdewelt leider noch die Regel, basiert auf Benutzen und Bestrafen und hat als direkte Folge Schmerz bei allen Beteiligten – meistens mehr beim Pferd als beim Reiter.

Was ist »natürliches Leadership«?

Natürliches Leadership kommt von Herzen, und Pferde können uns lehren, wie es funktioniert. Der Leader zu sein bedeutet in der Menschenwelt, Chef zu sein, etwas zu sagen zu haben, Manager zu sein, Familienoberhaupt usw. Unser inneres Bild ist dabei an Kompetenz, Autorität, Strenge, Weitblick und Position gebunden. Chef wird ein Mensch entweder, indem er sich hocharbeitet oder wenn er Glück hat und die richtigen Beziehungen, vielleicht noch genügend Geld. In unserer Gesellschaft sind Chefs meist Männer, zunehmend aber auch Frauen, die ihren männlichen Anteil in den Vordergrund stellen. Ein Chef wird respektiert, seine Befehle werden ausgeführt – aber geliebt wird er selten.

Natürliches Leadership ist das Gegenteil vom normalen Chefsein. Die Alphastute ist der wahre Leader in der Herde, sie führt die anderen Pferde mit Liebe, Erfahrung, Weisheit, Intuition und Ruhe an die besten Plätze, dorthin, wo es das beste Gras, das wohlschmeckendste Heu, die saftigsten Sträucher, die reifsten Äpfel und das klarste Wasser gibt. Sie probiert die Wege zuerst selbst aus, und der, den sie wählt, ist ein attraktiver Weg für alle, die ihr folgen.

Ein natürlicher Leader liebt seine Herde, er geht voran und kümmert sich um das Wohl der anderen. Natürliches Leadership hat nichts mit »treiben« zu tun, niemand muss angetrieben, bestraft oder verurteilt werden; einem natürlichen Leader folgen alle gern, mit Enthusiasmus und aus freiem Willen. Um auf einen Viertausender zu steigen, folgen wir gern einem Bergführer, der den Weg schon viele Male gegangen ist – wir würden sicher nur ungern den Berg besteigen, würde uns ein Bergtreiber hochscheuchen, der gemütlich in der warmen Stube Kaffee trinkt und dann mit unseren Leistungen auch noch unzufrieden ist. Einem echten, natürlichen Leader ist Macht unwichtig, er wird von Liebe und Erkenntnis geleitet.

> **Natürliches Leadership ist der Mittelweg zwischen Karotten- und Peitschenmethode: Weibliche und männliche Anteile sind harmonisch verbunden.**

Jedes Pferd wünscht sich einen natürlichen Leader und ist bereit, diesem mit Körper und Herz bedingungslos zu folgen … Jedes Pferd weiß innerhalb weniger Sekunden – wie jede Frau bei einem neuen Tanzpartner, mit dem sie die ersten Schritte ausprobiert –, ob es einen natürlichen Leader, einen Chef, einen Angeber oder einen Angsthasen vor sich hat.

Welche Schlüssel führen zum Erfolg?

Was ist überhaupt der Erfolg, den wir suchen? Und was passiert, wenn wir Erfolg haben? Tja, dann stecken wir uns das nächste Ziel und verfolgen es, bis wir wieder Erfolg haben, nur um uns dann das nächste Ziel auszusuchen, um auf ein Neues erfolgreich zu sein, oder? Wann haben wir genug? Und auf dem Weg zum Erfolg, was tun wir da? Ist uns jedes Mittel recht, das uns ans Ziel bringt? Gehen wir über Leichen und machen uns mit dem Ellenbogen Platz, damit wir da oben auf dem Erfolgsgipfel vor all den anderen und am besten allein, herausragend und einzigartig ankommen? Und dann?

Immer Erfolg haben zu müssen, ist ein Zeichen von alten Wunden, eine Art Abhängigkeit vom Gipfelrausch, eine Kompensation für das versteckt nagende Gefühl ganz tief im Inneren … das Gefühl, nichts wert zu sein, eigentlich die Eintrittskarte für den Planeten nicht bezahlt zu haben und auch die Atemluft illegal zu konsumieren.

Den Pferden ist Erfolg gleichgültig. Sie wollen keine Medaillen umgehängt bekommen, keine Rekorde aufstellen und auch kein Geld verdienen. Für sie ist es sicher unverständlich, warum sie immer noch wie Sklaven gehandelt werden. Jeder wirkliche PferdeMensch weiß, dass es immer das Pferd ist, das sich seinen Menschen aussucht. Da können Menschen noch so davon überzeugt sein, dass sie mit ihrem Geldbeutel herumlaufen, um sich ein Pferd zu kaufen.

Wozu um alles in der Welt brauchen wir aber nun Schlüssel zum Erfolg? Nun, hier geht es um eine andere Art von Erfolg, den Erfolg des Herzens, der Seele. Es geht um eine erfolgreiche Beziehung, um den Weg zur Erkenntnis, wer wir und die Pferde wirklich sind. Es geht um den Weg zur Einheit und zur Akzeptanz, zu diesem Ort tief in unserem Sein, an dem wir begreifen, dass alles gut und perfekt ist, genau so, wie es gerade ist. Es geht darum, dass es nichts gibt, wogegen wir zu kämpfen haben, darum, dass wir uns endlich entspannen und wir selbst sein können. Entspanne dich, du bist hier, um dieses Leben zu genießen und es aus vollen Zügen zu leben … Um diese Art Erfolg geht es. Um diesen Erfolg, du selbst zu sein und alle und alles um dich herum als »schon perfekt« zu akzeptieren. Den Erfolg, nicht mehr den Splitter im Auge des anderen zu sehen, sondern seine göttliche Essenz. Den Erfolg, auch den Balken im eigenen Auge zu mögen.

Der Weg zu dieser Art von Erfolg führt durch sechs verschiedene, vorläufig verschlossene Türen, die durch sechs besondere Schlüssel geöffnet werden können. Jeder Schlüssel öffnet eine andere Tür, und es ist wichtig, sie alle in einer bestimmten Reihenfolge aufzuschließen. Steckst du den rechten Schlüssel zur rechten Zeit in die passende Tür, dreht er sich ohne jegliche Anstrengung im Schloss.

Es handelt sich um die Schlüssel zum Herzen deines Pferdes. Einstellung, Wissen, Technik, Ausrüstung, Zeit und Fantasie sind ihre Namen.

Du kannst sie auch benutzen, um dein eigenes Herz oder das Herz der Menschen um dich herum zu öffnen. Es sind universelle Schlüssel, seit ewigen Zeiten benutzt und doch vergessen.

Es geht um die Einstellung, natürlich zu sein, den Naturgesetzen mit Ehrfurcht zu begegnen und mit Leichtigkeit durch die Schöpfung zu schreiten. Darum, das Geschenk des Lebens zu genießen. Wirklich zu wissen, dass wir alle eins sind und dass alles schon perfekt ist. Tür Nummer 1 ist die größte, an der wir meist scheitern. Alle anderen Türen sind recht einfach zu öffnen, es braucht lediglich ein wenig Bereitschaft, Willen und Schweiß. Wissen gibt es aus Büchern und anderen Informationsquellen, in Seminaren, Akademien und Schulen, von Mentoren und Lehrern. Dabei ist es schwierig, zwischen normalem und natürlichem Wissen zu unterscheiden. Dir bleibt dabei nichts anderes übrig, als dich auf dein Herz und deinen Körper und deren Wahrheit und Intuition als Wegweiser zu verlassen, um dich für das Aufnehmen von natürlichem Wissen zu entscheiden, gewissermaßen den »Scharlatan« oder »Luftverkäufer« vom »natürlichen Meister« zu unterscheiden.

Die Schlüssel Technik und Ausrüstung bekommst du auch aus den oben genannten Quellen. Natürliche Techniken und Ausrüstungsgegenstände sind ganz einfach zu erkennen: Sie sind simpel und klar. Sie berücksichtigen beide Seiten und Standpunkte der Beziehung. Sie verzichten auf Verängstigung, Einschüchterung und Gewalt. Einen natürlichen PferdeMenschen erkennst du vor allem an den Methoden und der Ausrüstung, die er *nicht* benutzt.

Schlüssel Nummer 5, Zeit, ist wichtig und liegt ganz bei dir. Wie viel Zeit verbringst du mit deinem Pferd? Welche Art von Zeit verbringt ihr zusammen? Wie ist dein Timing, dein Zeitplan, wenn du mit deinem Pferd kommunizierst? Bist du nur halb anwesend und zerstreut, oder bist du zu 100 % bei deinem edlen Freund? Die Fantasie ist die letzte Tür, die sich spontan in uns öffnet – für das Kind in uns. Schon Einstein sagte, Fantasie sei wertvoller als Wissen. Befreie deine Kreativität, erfinde neue Spiele, verändere die Übungen, mach jeden Tag neue und verschiedenartige Dinge … So wird dein Pferd sich nicht langweilen – und dafür wird es dir sehr dankbar sein!

Was ist »PferdeZeit«?

Pferden ist unsere Zeitrechnung in Sekunden, Minuten, Stunden, Wochen, Monaten und Jahren unwichtig. Sie kennen keine Planung, keine unbedingt einzuhaltenden Termine und keinen Stress. Es ist ihnen unverständlich, wieso Menschen das Gefühl haben, sie seien zu spät oder es gäbe nicht genug Zeit. Pferde erleben die Welt nicht linear, bei ihnen gibt es keinen Anfang und kein Ende, kein Hetzen von A nach B, kein Entweder-oder, keine Trennung. Ihre Welt ist rund und rhythmisch, sie kennen nur Sowohl-als-auch, nur Einheit.

Pferde leben im Moment, von Moment zu Moment, jetzt und hier, ohne Kompromisse. Ihre Momente sind sogar schneller als Menschenmomente. Jede Sekunde ist zusammengesetzt aus vier Momenten, und in jedem einzelnen Moment kann sich alles verändern. Dabei haften Pferde nicht an Gewohnheiten oder vergangenen Situationen, sie gleiten einfach von Moment zu Moment und akzeptieren Veränderungen. Sie geben auch ehrliches Feedback über ihre Gefühle, Gedanken und Handlungen – doch es ist nicht für jeden Menschen sichtbar, dazu müssen wir erst die Pferdesprache beherrschen.

Wie bereits angesprochen, bewegen sich Menschen für Pferde in Zeitlupe, unendlich langsam und ein wenig wie Tölpel. Pferde hingegen bewegen sich edel und harmonisch und so schnell, dass wir oft sogar Mühe haben, ihnen mit den Augen zu folgen. Manchmal passiert es, dass ein Mensch von einem Pferd »aus heiterem Himmel« getreten wird, weil er die Vorzeichen und Kommunikationsversuche, die der Handlung vorausgingen, nicht gesehen hat – es ging alles viel zu schnell für ihn, und er war nicht aufmerksam genug.

Manche Menschen kommen in die Pferdewelt mit dem Gedanken: »Oh gut, jetzt kann ich meinen Terminkalender für einige Zeit beiseite legen, mein Handy ausschalten und mich so richtig entspannen.« Schnell stellen sie dann fest, dass PferdeZeit alles andere als ruhig und entspannt ist … Sie ist intensiv, denn sie geschieht in der vollen Anwesenheit im Moment. Jeder Moment enthält hier *alles*, es gibt kein Entfliehen in die Vergangenheit oder in die Zukunft.

Pferde erlauben Menschen dieses Entfliehen nicht, sie warnen uns: »Sei hier, oder ich brenne mit dir durch! Lies meine Signale, sei hier mit mir, und genieße das Leben. Es besteht aus Einatmen und Ausatmen, aus Galoppieren und Ruhen, aus Sanftheit und Bestimmtheit. Pass auf – wenn du aus dem Moment entfliehst, kann dich die Veränderung unsanft erwecken, denn du wirst nicht da gewesen sein, um sie kommen zu sehen. So trifft sie dich plötzlich, vielleicht sogar am Kopf! Bleib hier!«

Pferde tanzen mit dem Leben, vielleicht sind ihre Bewegungen deshalb so bewundernswert leicht, sie umarmen jeden Moment, heißen ihn immer wieder neu willkommen.

PferdeZeit ist dicht, voller Herzschläge, Erlebnisse, Abenteuer.

Es gibt dabei so viel zu tun, auf natürliche, fließende Weise. Moment folgt auf Moment, Sonnenaufgang auf Sonnenuntergang, Wärme auf Kälte, Sturm auf Windstille, Sommer auf Winter. PferdeZeit ist Sein.

Sie ist ein Segen für uns.

Sind Pferde zum Reiten da?

Logisch! Pferde sind Sportgeräte, was haben sie denn sonst für eine Funktion? Sie sind groß und stark, sie fühlen unsere Kilos kaum, sie sind nur zum Reiten da; Sattel und Trense drauf, und los geht's! Hol dir eins aus der Box, setz dich in den Sattel, kick ihm mit den Absätzen in den Bauch zum Vorwärtsgehen, und zieh an den Zügeln zum Anhalten.

Das sind die weitverbreiteten Lügen, die fast jedem Anfänger erzählt werden, wenn er das erste Mal reiten geht … Pferde »funktionieren« aber überhaupt nicht so, sie hassen es, wenn wir mit unseren Absätzen in ihre sanften Flanken treten, und selbst wenn wir mit aller Kraft an beiden Zügeln ziehen, halten manche Pferde nicht an. Was tun? Immer stärkere und größere Trensen und Gebisse, Ausbinder und Schlaufzügel aller Art werden verwendet. Dabei könnte jedem Reiter auf Lebenszeit ein einziges Gebiss für sein Pferd ausreichen …

Pferde sind also zum Reiten da, vielleicht noch, um etwas zu ziehen, zum Arbeiten … oder zum Essen. Wozu um alles in der Welt sollten sie denn sonst noch da sein? Ist es radikal zu sagen:

**Pferde sind da, um
Pferde zu sein?**

Ist es nicht Teil des Menschseins, alles ausnutzen und benutzen zu wollen? Pferde sind edelste Schönheit und reinste Freiheit. Und ohne Reiter sind sie häufig so viel schöner und eleganter …

Es gibt Pferde, denen vom Menschen viel Gewalt angetan wurde, besonders in Bezug aufs Reiten. Es gibt Reiter, die schwere Unfälle hatten und die nur der Gedanke ans Reiten vor Angst am ganzen Körper zittern lässt. Diese beiden »Fälle« wollen oder können nicht mehr geritten werden bzw. reiten. Aber sind die Pferde deshalb weniger wert, oder gehören sie zum rostigen Eisen, das bei der nächsten Gelegenheit auf den Sperrmüll kommt?

Wieso sollten Pferde zum Reiten da sein? Manche Pferde sind so schön, dass es reicht, sie anzuschauen. Andere Pferde sind so wild, dass es eine Schande wäre, sie aus der freien Wildbahn in eine Box zu holen. Manche Pferde haben ganz andere Aufgaben als geritten zu werden, einen Karren zu ziehen oder auf sonstige Weise zu arbeiten. Vielleicht sind sie da, um jemandem Gesellschaft zu leisten. Vielleicht, um Demut und Geduld zu lehren. Vielleicht, um eine eigene Meinung zu vertreten. Vielleicht sind sie auch da, um eine spezielle Beziehung zu einem speziellen Menschen zu entwickeln. Und manchmal, wenn er den Schlüssel zu ihrem Herzen findet, kann dieser Mensch sie auch reiten – und dann kann es geschehen, dass sich die Schranken zwischen zwei verschiedenen Arten öffnen und eine neue Einheit entsteht. Dann sind zwei Herzen verbunden, und Pferd und PferdeMensch laufen weiter, springen höher, bewegen sich anmutiger, als sie selbst es je für möglich gehalten hätten.

Ja, Pferde können auch
geritten werden …

Warum gibt es Unfälle mit Pferden?

Pferde sind schnell, groß und stark. Aber wann immer sie Angst verspüren, fliehen sie so schnell sie nur können. Die Angst lähmt jede andere Empfindung, sie spüren dann keinen Schmerz, sind einfach gefühllos. Deshalb passiert es häufig, dass Pferde sich in unserer Menschenwelt während der Flucht schwer verletzen, sogar andere oder sich selbst töten. Eigentlich ist es ein Wunder, dass so wenig passiert.

Pferde sind gutmütig. Unfälle sind der Preis für die falsch verstandene, unnatürliche Pferd-Mensch-Beziehung, für unverstandene, ängstliche Fluchttiere in einer Raubtierwelt. »Das Grab des Reiters ist immer offen« ist ein Sprichwort in der Pferdewelt ... Wenn Pferde Angst haben und nicht fliehen können, dann kämpfen sie sich frei. Pferde kennen nur eine Angst, sie ist riesengroß und ozeanwellenhoch – Todesangst, einfache, nackte Todesangst. Deshalb reagieren sie so »übertrieben«, dann muss alles richtig schnell gehen, egal wohin, worüber, aufwärts, abwärts oder mitten hindurch, sie schlagen alles kurz und klein, bocken um ihr Leben oder rennen direkt hinein in ein Hindernis, das sie vielleicht auf der Stelle umbringt. Das Weglaufen vor dem Tod treibt sie oft in den Tod. Ist nun ein Mensch Auslöser dieser Todesangst, so befindet auch er sich in Lebensgefahr. Er bekommt dann den Tritt in die Rippen, überschlägt sich mit dem vor Angst steifen Pferd, das fliehen will, aber von Gebissen und Ausbindern gehalten wird, oder er fällt einfach von dem in rasender Geschwindigkeit fliehenden Tier hinunter.

All diese Unfälle wären nicht nötig. Es bräuchte nur Verständnis für die natürlichen Bedürfnisse der Pferde, denn sind diese erfüllt, sind Pferde ausgeglichen, gesund, neugierig und bereit für eine Beziehung zum Menschen. Mit dieser Voraussetzung und der, dass der Mensch die Pferdesprache kennt, Pferde »lesen« kann und im Moment präsent ist, können Unfälle nahezu vermieden werden. Ist der Mensch aber in der Vergangenheit oder Zukunft, kann er sich auch mit einem ausgeglichenen Pferd verletzen.

> Jeder Unfall, der zwischen Pferd und Mensch
> geschieht, hat zwei Grundursachen: Todesangst
> und die Überschätzung der eigenen Fähigkeiten.

Menschen meinen, die Dinge im Griff zu haben und hören ihrer inneren Stimme, oft auch ihrer Angst, einfach nicht zu. Dann passiert es ... Angst vor Pferden ist eine Aufforderung, Schritt für Schritt von ihnen zu lernen, wie wir unsere Egospiele hinter uns lassen können. Schritt für Schritt geht es um die Heilung von alten und neuen Ängsten. Pferde sind auch hier sehr gute Lehrmeister und Therapeuten.

Warum gibt es schwierige Pferde?

Nun, weil es schwierige Menschen gibt. Pferde sind bei ihrer Geburt rein und natürlich, es werden keine schwierigen Pferde geboren. Wahrscheinlich auch keine schwierigen Menschen. Alle Babys, die auf diese Welt kommen, strahlen vor Reinheit. Und dann passiert das, was wir fälschlicherweise »leben« nennen … Reine Fohlen und reine Babys werden umgeben von schwierigen Menschen, die viel Geschichte, Vergangenheit, Angst und Trauer mit sich herumtragen. Diese Menschen sind ihrerseits so geworden, weil auch sie in der Gesellschaft schwieriger Menschen aufwuchsen. Weil immer mehr reine Babys in einer schwierigen Gesellschaft aufwachsen, denken wir, das sei normal, oder, noch besser ausgedrückt, das müsste so sein. Nur weil es alle tun, heißt das aber noch lange nicht, dass es richtig ist. Im Gegenteil, meistens ist das, was alle tun, ja genau das Grundfalsche. Alle tun es nur, weil es auch alle anderen tun – und dabei hören sie nicht auf ihre innere Stimme.

Kommt nun ein reines Fohlen auf die Welt, sagt Mutter Natur ihm: »Höre auf deine Mama und deine Instinkte, sie zeigen dir alles, was du im Leben brauchst.« Die Mutterstute hat aber vielleicht schon ein frustriertes Leben in Menschenhänden hinter sich, ist geschlagen worden, hinkt sogar, weil sie durch unnatürliche Ausnutzung zu einem frühzeitigen Krüppel wurde, hat durch harte Hände ein verhärtetes Maul bekommen, vielleicht gibt es viele Situationen, die Traumata ausgelöst haben und die sie im Grunde ihres Herzens den Menschen nachträgt. Sicher geschieht das alles nicht auf einer gedanklichen und bewussten Ebene, und dennoch hat die Stute eine gewisse Einstellung gegenüber Menschen entwickelt.

Das neugeborene Fohlen hört auf Mutter Natur, und innerhalb weniger Stunden hat es auch eine Einstellung zur Menschheit. Kurz darauf erscheint der erste echte Mensch, packt es am Ohr, drängt es in die Enge einer Stallecke, gibt ihm eine Spritze mit einem brennenden Impfserum und verabreicht ihm eine übel riechende, bitter schmeckende Substanz ins Maul, eine Wurmkur. Das Fohlen wehrt sich mit allen Kräften, von Wogen der Todesangst gepackt, mit dem Ergebnis, dass die Menschenhände noch fester zupacken und nun gleich mehrere Menschenkörper es gemeinsam in die Ecke drängen. Dann wird noch der kleine Nabel desinfiziert, was höllisch brennt. Schmerzen durchzucken den kleinen Körper.

Wie soll sich das Fohlen denn bloß ein gutes Bild von Menschen machen? Die erste Zeit im Leben eines Pferdes verläuft normalerweise ruhig, es bleibt bei der Mutter und hat wenig Kontakt zum Menschen. Dann aber kommt der fatale Tag, an dem es, meist viel zu früh, brutal von der Mutter getrennt wird und in die Isolation einer dunklen Einzelbox gerät. Von da ab sind Verzweiflung, Angst und Schmerz die ständigen Begleiter des kleinen Wesens. Später kommt der Tierarzt, der Hufschmied, dann der Moment des Einbrechens, bei dem leider häufig nur der Wille und die Seele des jungen Pferdes gebrochen werden. Dann wird es verkauft, wechselt meist vier- bis fünfmal oder häufiger den Besitzer, manchmal gerät es an gefühllose Menschen, die es wie ein Sportgerät benutzen, manchmal hat es Glück und findet liebende Reiter, die aber leider auch nicht wissen, wie sie die Kluft der nicht vorhandenen Kommunikation überwinden sollen.

Das Tragische ist, dass die meisten Menschen, die dem Fohlen und Jungpferd diese endlose Kette von Traumata zufügen, es aus Unwissen und Nichtverstehen der Natur des Pferdes tun. Sie wollen doch nur das Beste. Pferde wollen gefallen, geliebt werden, das Richtige machen, alles für uns tun, damit wir nur zufrieden und glücklich sind. Es ist natürlich für ein Pferd, alles für einen Menschen geben zu wollen. Pferde und Kinder erblühen durch das richtige Lob im richtigen Moment, ihr ganzes Sein beginnt ob eines guten Wortes vor Stolz und Liebe zu leuchten.

Je mehr Traumata das Pferd nun im Laufe seines Lebens davonträgt, desto »schwieriger« wird es. Schwierige Pferde können dem Menschen sehr gefährlich werden, denn ein Pferd, das in die Enge getrieben wird und keinen Ausweg mehr sieht, kämpft mit allen Mitteln um sein Leben … Vielleicht kommt der Punkt, an dem es so schwierig geworden ist, dass kein Mensch mehr mit ihm umgehen kann, es sich vielleicht nicht mehr reiten lässt, beißt, tritt oder durchgeht, weil es vor seinen eigenen Gespenstern davonläuft.

Wer kennt schon die traurige Statistik – das Durchschnittsalter von Pferden in Mitteleuropa liegt bei sieben Jahren! Ein Pferd wird in der Natur 30 Jahre alt … Im Dienst des Menschen wird es halt ausgetauscht, wenn es nicht funktioniert, oder es wird in jungen Jahren verschlissen, um dann auf dem Schlachthof zu landen.

Pferde werden erst durch eine Anhäufung von Traumata schwierig.

Häufig kommen solche Pferde als letzte Hoffnung vor dem Schlachter zu uns, und leider kommt unsere Hilfe oft zu spät. Diese Pferde werden zwar wieder glücklich im Herdenverband und in natürlichen Händen, aber manchmal sitzen ihre Traumata so tief, dass nur eine lebenslange »Therapie« ihnen helfen kann. Sie sind vergleichbar mit misshandelten Menschen, die sich wieder auf das Wagnis einer neuen Beziehung einlassen. Alter Schmerz und alte Wunden werden natürlicherweise im Verlauf der Partnerschaft aufbrechen, obwohl der neue Partner meistens überhaupt nichts damit zu tun hat. Er drückt nur versehentlich auf einen Auslöser, und schon geht die ganze Geschichte in die Luft. Im Fall einer Pferd-Mensch-Beziehung kann das sehr gefährlich werden, wenn »aus heiterem Himmel« das 600 kg schwere Lebewesen zur Bestie wird. Ein schwieriges Pferd gehört in sehr erfahrene Hände.

Heilung ist möglich, aber der Weg ist lang. Einfacher ist es, die vielen Fehler erst gar nicht zu machen und so Traumata zu verhindern. Das ist unsere Arbeit, unsere Leidenschaft und unsere tägliche Motivation – den Menschen zu lehren, dass es auch natürlich geht … und das sogar viel besser!

Was machen Hengste in der Menschenwelt?

Ärger. Dafür hat die Natur sie vorgesehen. Ihre Aufgabe ist es, die Herde vor Raubtieren (und der Mensch gehört dazu) zu beschützen und das Überleben der Gattung durch regelmäßiges Fortpflanzen zu garantieren.

Hengste sind dazu da, ihre Herde auch vor Menschen zu schützen.

Sie sind voller Hormone und hören nur auf Mutter Natur in ihrem Blut. Eine natürliche Beziehung mit einem Hengst ist eine große Herausforderung und grundsätzlich nur möglich, wenn der Hengst ausgeglichen und seiner Aufgabe entsprechend leben kann, d. h., wenn er ganzjährig mit einer Stutenherde zusammen lebt und sich um Nachwuchs kümmert.

Deckt ein Hengst nicht regelmäßig, oder kann er überhaupt nie decken, dann gibt es keinen einzigen Grund auf dieser Erde, ihn Hengst sein zu lassen. Es ist sogar grausam, einen Hengst in einer Box zu halten, ihn hin und wieder zu reiten und dann wieder einzusperren. Der arme Kerl ist vergleichbar mit einem jungen, gesunden Mann, der in ein Zimmer von der Größe eines Plumpsklos eingesperrt wird, das im oberen Teil der Tür eine Öffnung zur Außenwelt hat. Es ist ihm unmöglich, aus diesem Gefängnis zu entweichen, auch wenn er Tag und Nacht an nichts anderes denkt. Was würde mit dem Mann geschehen? Im besten Fall würde er frustriert und depressiv werden, im schlimmsten verrückt, unberechenbar und gewalttätig.

Das Gleiche passiert mit den Hengsten, die so in der normalen Welt leben müssen. Es gibt einfach keinen Grund, einem Hengst diese Hölle auf Erden zu bereiten. Sobald er kastriert ist, wird ein guter Hengst zu einem viel besseren Wallach. Viele Menschen denken, es sei unnatürlich, Hengste zu kastrieren, und setzen sich mit viel Elan dafür ein, dies zu verhindern. Manche Menschen verteidigen die Hoden ihrer Hengste so, als seien es die eigenen, die unter das Messer sollen.

Frei lebende Pferde in großen Herdenverbänden lösen das Hormonproblem so: Es gibt immer nur einen Leithengst, der eine Stutenherde von einer Größe zwischen einer und 15 Stuten beschützt und deckt. Die besten und stärksten Hengste teilen die anderen Stuten unter sich auf. Alle anderen leben in freien Zusammenschlüssen von Junghengsten (Junggesellenverbänden), die sich immer mal wieder mit dem Leithengst messen, um ihm seine Herde streitig zu machen. In der Zwischenzeit spielen und balgen sie untereinander und verbessern ihre Dominanzspiele, sodass ihre überschüssige männliche Energie auf natürliche Weise ein Ventil findet. In Spanien haben einige Züchter die Herausforderungen, Hengste zu halten, auf ähnliche Weise angenommen: Sie richten Hengstweiden ein, auf der alle Hengste zusammen leben und so ausgeglichener sind als jene in Isolationshaft.

Wenn wir also die Möglichkeit haben, einem Hengst durch natürliche Haltung ein würdevolles Leben zu bereiten, können wir daran denken, mit ihm eine Pferd-Mensch-Beziehung aufzubauen. Dabei muss uns aber einfach klar sein, dass Mutter Natur ihm immer sagt: »Verteidige deine Gattung vor Raubtieren, und sei dominant.« In einer Beziehung zu einem Hengst spielen wir die Dominanzspiele mit ihm und müssen ihm deshalb geradeheraus sagen: »Ab heute bin ich dein Alphahengst, die Herde gehört mir!« Ein Hengst wird das immer nur für einen Moment akzeptieren, um im nächsten Moment wieder zu fragen: *»Bist du sicher, dass du das wirklich bist?«* Auch das ist natürlich für ihn; er hat dabei keine bösen Hintergedanken, die Herausforderung zum kämpferischen Dominanzspiel liegt nun einmal in seiner Natur. Kein Grund für uns, wütend zu werden. Der Hengst hat den schwarzen Gürtel in der Pferdesprache und den Dominanzspielen – auch das ist natürlich für ihn. Vielleicht sind wir auch Meister, tragen den schwarzen Gürtel ebenfalls … Dennoch hat der Hengst aller Wahrscheinlichkeit nach einen höheren Dan. Mit einem Hengst Dominanzspiele zu spielen, ist eine ständige Herausforderung, die hohe Meisterschaft verlangt.

Wie erleben Pferde Menschen?

Normalerweise haben Pferde entweder Angst vor den Menschen oder sie respektieren sie nicht. Für sie ist das Leben in der Menschenwelt etwa so, als würden Menschen in einer Kannibalenwelt leben – entweder sind sie eingesperrt und unterworfen, voller Angst, wann denn wohl ihr letzter Moment gekommen sein wird, oder in einer Art Scheinfreiheit als bester Freund des Menschen (bzw. Kannibalen), verzogen und verhätschelt, überfüttert und gelangweilt … und in ihrem tiefsten Inneren hassen sie diese Menschen (Kannibalen) doch, die immer wieder irgendeinen Verwandten verspeisen.

Stell dir einmal vor, du wirst der beste Freund eines Kannibalen. Vielleicht beginnst du, nach einiger Zeit und guter Behandlung, in deinem Herzen wirklich zu glauben, dass dein Freund dich nicht aufessen wird. Es gibt Momente, in denen du eure spielerische Freundschaft geradezu genießt, in denen du dich selbst vergisst und glücklich bist, auch wenn du vielleicht nicht in deiner natürlichen Umgebung und im Schutze deiner wahren Familie leben darfst. Soweit ist also alles gut. Aber wie viel – oder wie wenig – braucht es, um dein altes und gerechtfertigtes Misstrauen wieder aufleben zu lassen? Braucht es vielleicht nur den Besuch eines Arztkannibalen im weißen Kittel, der dein Blut untersuchen will? Oder die aggressiven und harten Worte eines Kannibalenlehrers, der dir und deinem Freund das gemeinsame Springen beibringen will? Tief in dir wirst du nie vergessen können, bei wem du lebst und wer deine Verwandten immer noch ausnutzt und verspeist. Dein Kannibalenfreund muss also ein wirklich außergewöhnliches Wesen sein, jemand, der dich im Innersten versteht und alles für dich tut, dir das natürlichste und sicherste Leben bietet, damit ihr beide in eurem Zusammenleben wirklich glücklich werden könnt!

Trotz allem sehen die Pferde
Menschen wie ein Schachbrett
voller Farben, wie riesiges Licht,
wie Leichtigkeit.

Wenn sie geritten werden, dann empfinden sie Menschen als Leichtigkeit, sie spüren das wirkliche Seelenpotenzial, und deshalb können Pferde und Menschen eins werden. Pferde können es nicht verstehen, wenn dieses Licht, das der Mensch ist, anfängt, ihnen Schmerzen zuzufügen. Ihr Bewusstsein ist so riesengroß, so offen und unschuldig, ihre Liebe so unendlich, dass sie lange und viel lieben und alles vergeben. Es gibt aber einen Punkt, ab dem sie nicht mehr lieben können, weil der Schmerz zu groß ist. Dann sind sie verwirrt. Völlig verwirrt und nicht mehr offen für das, was kommen soll.

Wozu gibt es ein Ego, und was machen die Pferde damit?

Ja, das habe ich, Ariane, mich auch wieder und wieder gefragt! Dieses schmerzhafte Spiel des Egos, aller Egos, wozu bloß? Wie viel Energie geht da hinein, wie viel Krankheit und Leid werden da erzeugt, wie schlimm steht es um uns wegen des Egos … Ich vermute, dass das Ego ein Teil des großen Spiels des Lebens ist. Dass es sich bildet, um uns in einer lebensbedrohenden Situation zu beschützen, schon wenn wir noch sehr klein sind. Dass es dann irgendwann, verschmitzt und für uns unbewusst, die Führung übernimmt, statt wie ein Kleidungsstück nur bei Bedarf zu unseren Diensten zu stehen. Ich habe keine echte Antwort auf die Frage »Wozu?«, und sicher will ein Teil von mir sie auch gar nicht wissen. Denn wenn alle Egospiele aufhörten, was gäbe es dann überhaupt noch? Die Leere, die dann entstünde, ist furchteinflößend.

In der Anwesenheit von Pferden ist das Ego unwichtig. Wenn wir Kurse geben, dann kann ein König teilnehmen oder ein Obdachloser, der unter der Brücke lebt – das macht keinen Unterschied. Die Pferde spiegeln das Ego der Menschen nicht wider. Pferde spiegeln deine Essenz, nackt und klar. Deshalb ist es auch so schwierig, in den Pferdespiegel zu schauen – du siehst genau das, was hineinschaut. Ist dein Leben ein einziges Egospiel, wirst du deine Ängste sehen, deine Unzulänglichkeiten und Verwirrungen und all das, was du eigentlich um jeden Preis verstecken möchtest. Der Pferdespiegel wertet nicht, er gibt nur genau das wieder, was in ihn hineinschaut.

Fast um die Dualität des Seins noch zu unterstreichen, haben viele Menschen das Gefühl, ihr Ego würde durch ein Pferd gestärkt, und deshalb suchen sie sich das Pferd aus, das ihrer Meinung nach ihr Ego poliert. Nun – wir können alle Menschen reinlegen, ein Pferd aber nie. Wir können es einfach auf traditionelle Weise reiten, den Spiegel grimmig in eine nette Form zwingen, und so tun, als sei nichts geschehen. Das Pferd weiß Bescheid, und auch all diese Menschen, die Pferde »lesen« können. Wir können so tun, als ob nichts wäre, uns weiter belügen, aber unser Herz weiß ebenfalls Bescheid. Wir können mit dem Pferd als Sportgerät vielleicht Turniere gewinnen, wir können vielleicht wenig Zeit mit unserem Pferd verbringen und doch so tun, als hätten wir eine tolle und funktionierende Beziehung, ähnlich wie der reisende Manager, der nur einmal im Monat zu seiner Familie nach Hause kommt. Nach außen scheint alles glänzend … Wir können vielleicht auch so tun, als seien Gewalt und Dominanz gegenüber Tieren und Pferden nicht schlimm, als mache es keinen Unterschied, wenn wir unser Pferd zum zehnten Mal gegen ein »besseres Modell« eintauschen … Aber im Grunde wissen unsere Herzen und fühlen unsere Körper genau, dass dieses Egospiel ein echtes Sch***spiel ist. Es mag zwar äußeren Glitter und Reichtum bringen, doch im Inneren lauern Leere, Verzweiflung, Tod und Einsamkeit zusammen mit Hass, Angst, Terror und vielleicht sogar Verbrechen.

So eingesperrt in eine Sackgasse eines sich immer wiederholenden Trauerspiels bringen wir vielleicht den Mut auf, wirklich in den Pferdespiegel zu schauen, uns selbst zu erkennen, den Terror der Erkenntnis durchzustehen und festzustellen:

Pferde nehmen dem Ego an seiner Wurzel jede Kraft. Und der Verlust des Egos ist eine fantastische Wiedergeburt zum echten Leben.

Woran erkenne ich, dass ich ein PferdeMensch bin?

Ganz einfach: PferdeMenschen werden als PferdeMenschen geboren, es gibt ein gewisses Etwas, was diesen Menschen in die Wiege gelegt wird. Sie selbst merken es erst gar nicht. Es ist dabei unerheblich, ob sie in einer PferdeMensch-Familie aufwachsen, was ihre Vorfahren gemacht haben, ob sie in der Stadt oder auf dem Land wohnen oder welcher sozialen Schicht sie angehören.

PferdeMenschen werden einfach magnetisch von den edlen Tieren angezogen – sobald sie ein Pferd sehen, können sie den Blick nicht mehr von ihm wenden. Die Flamme ihrer inneren Leidenschaft flackert beim Anblick eines Pferdes hell auf, und ihnen wird warm ums Herz, sie fühlen sich frei und leicht. PferdeMenschen lieben Pferdegeruch, würden sich am liebsten darin wälzen. Am einfachsten sind PferdeMenschen daran zu erkennen, dass ihrer Meinung nach Pferdeäpfel nicht stinken … Sie können Stunden, Wochen oder Tage über (ihre) Pferde reden (natürlich nur mit anderen PferdeMenschen), ihr Herz schlägt höher, wenn ein Pferd spontan auf sie zukommt, sie merken weder Zeit noch Wetterverhältnisse, wenn sie mit Pferden zusammen sind, und sie scheuen keine Kosten, Hindernisse oder Unannehmlichkeiten. Fahren sie in den Urlaub ans Meer, nehmen sie Fotos von ihren Pferden mit, und sobald sie wieder zu Hause sind, führt der erste Weg direkt zum Pferd, um die Nase in seiner Mähne zu vergraben und endlich wieder Pferdeduft zu schnuppern.

> **Alle PferdeMenschen lieben Pferde bedingungslos.**

Häufig sind sie nicht einmal Reiter, denn das ist Nebensache. Es gibt sogar PferdeMenschen, die noch nie Kontakt mit einem Pferd hatten, weil ihr Leben ihnen vielleicht nie die Gelegenheit dazu gegeben hat. Pferde sind für sie die edelsten und nobelsten Wesen der Schöpfung.

Als kleines Mädchen lebte ich in einem Hochhaus in einer deutschen Kleinstadt. In meiner Familie hatte nie jemand mit Pferden zu tun. Ich war ungefähr sieben Jahre alt, als ich meine erste Herde versorgte. Ich besaß stolze 17 kleine Spielzeugpferde, die für das ungeschulte Auge alle gleich aussahen. Doch jedes Pferd hatte seinen Namen, seine Individualität, ein besonderes Aussehen, eine eigene Geschichte und brauchte natürlich die ihm angemessene Pflege. Für mich war die Pferdeherde so lebendig wie mein schlagendes Herz. Da konnten die Erwachsenen ruhig sagen, die Tiere seien doch aus Plastik, sie hatten ja keine Ahnung. Ich verbrachte viele Stunden mit meinen Pferden, meistens in Freiheit und Herdengemeinschaft. Zusammen überlebten wir Abenteuer, Dürrezeiten, gefährliche Menschen und andere Angreifer. Ich war immer eher auch Pferd, spielte selbst nur den Reiter, wenn wir alle schnell fliehen mussten, um einer Gefahr zu entgehen. Dann setzte ich mich schnell auf eins meiner Lieblingspferde (ja, in einer so großen Herde gab es natürlich persönliche Präferenzen), und wir galoppierten zusammen hoch auf den Hügel, dorthin, wo wir den besten Überblick hatten und der Wind Mähnen und Haar zerzauste. Einmal wollte ich meinen Schulfreunden von einem meiner Abenteuer mit dem schwierigen Fury, einem schwarzen Rennpferd, das erst kurz zuvor in meine Herde gekommen war, erzählen. Sie hörten mir eine Weile interessiert zu, als ich ihnen beschrieb, wie der scheue Fury langsam Vertrauen zu mir gefasst hatte, dann aber die bösen Rennbahnbosse kamen und ihn abholten, um ihn wieder Rennen laufen zu lassen. Fury war ganz verzweifelt, voller Angst, und so ging ich entschlossen auf die Rennbahn, um ihn nach Hause zu holen. Sobald er mich sah, kam er in vollem Galopp auf mich zugeprescht. An dieser Stelle lachten mich meine Freunde aus, denn sie nahmen wirkliche Reitstunden in einem echten Reitstall und wussten schon, dass ein Pferd niemals auf einen normalen Menschen zugaloppieren würde. Damals zog ich mich zurück und sprach mit niemanden mehr über meine einzigartigen Erlebnisse, aus Scheu, erneut ausgelacht zu werden.

Heute gibt es Studien, die zeigen, dass wir als Kinder genau wissen, wozu wir auf der Erde sind. In meinem Fall lebt seit fast 15 Jahren eine Herde mit 15 bis 17 Pferden mit uns zusammen auf einem großen toskanischen Gut (zuvor auf einer weiten Hochebene im Aostatal), wo es viel Platz und saftige Weiden gibt. Fury heißt zwar keines meiner Pferde, aber Study, mein persönlicher Pferdepartner, galoppiert bei jedem unserer natürlichen Meetings auf mich zu … Wenige lachen mich noch aus, und meine Scheu verliere ich Schritt für Schritt. PferdeMenschen werden einfach so geboren. Basta.

Zeit mit Pferden verbringen zu wollen und sich dabei auch noch zu einem echten natürlichen PferdeMenschen zu entwickeln, d.h., bewusst an sich selbst zu arbeiten, setzt die bedingungslose Liebe zum Pferd voraus – und diese ist schwierig zu erlernen, wenn sie nicht angeboren ist.

Ist diese bedingungslose Liebe vorhanden, dann steht der glänzenden Einheit mit dem Wesen Pferd nichts mehr im Wege …

Was haben Frauen und Pferde gemeinsam?

Die Vergangenheit. Die dunkle Vergangenheit, in der schwere Worte wie Gewalt, Einschüchterung, Unterwerfung und Angst regierten. Die Zeiten, in denen Frauen auf Scheiterhaufen verbrannt wurden, in denen sie Untermenschen waren, in denen ihre Sensibilität nichts galt. Frauen wurden vergewaltigt, ausgenutzt und ermordet – und diese Vergangenheit ist auch heute noch in ihnen präsent. Pferde sind Fluchttiere – viele Frauen waren es sozusagen auch. Während der Mann Jäger war und als Raubtier seine Natur auslebte, waren die Frauen Sammlerinnen im Einklang mit der Natur. Sie kämpften selten, auch bei Angriff flohen oder versteckten sie sich eher.

Frauen und Pferde sind sanft, schnell, schön, anmutig, im Inneren frei und stark, leben aber häufig gefangen. Beide fühlen sich abhängig von der »männlichen« Welt, in der sie leben. Ihre sanften Stimmen der Freiheit sind noch zart, werden aber immer beständiger.

Frauen werden von Pferden magnetisch angezogen. Sie verstehen Pferde intuitiv, und Pferde verstehen Frauen in ihrer Essenz. Frauen brauchen keine Kraft, um mit Pferden Zeit zu verbringen, sie entdecken die Kraft der Liebe in ihrer Gegenwart wie von selbst. Vielleicht geht ihre Zellerinnerung geradewegs zurück zu dieser einen Frau und dieser einen Stute, von denen ich am Anfang geschrieben habe.

Ist es ein Wunder, dass heute meist Frauen die Gesellschaft der Pferde suchen? Dass sie kaum oder gar nicht mehr daran interessiert sind, Medaillen zu gewinnen? Dass sie in der gemeinsamen Beziehung etwas suchen, was sie selbst noch nicht in Worte fassen können? Sie fühlen es ganz tief innen, wollen sich spiegeln

in der Reinheit der Pferde, sich selbst finden und ihre Stimme stärken. Liebe, Sprache und Leadership. Das wollen sie lernen, mit diesem Wesen, mit dem sie so viel gemeinsam haben. Der Weg ist nicht einfach, aber sie scheuen keine Hindernisse, stellen sich selbst infrage, schauen immer wieder in den Spiegel, und während der Mann gern mal den Spiegel tauscht, wenn ihm die Reflexion nicht gefällt, ist es für die Frau keine Option, auch nur daran zu denken, sich einen anderen Spiegel zu besorgen. Sie liebt diesen erbarmungslosen Spiegel und verändert demutsvoll diejenige, die hineinschaut, Schritt für Schritt, zwei Schritte vor, einen zurück, mit aller Geduld ihrer Seele.

Und die Männer? Da sie in der Vergangenheit meist keinen Schlüssel zum Herzen der Pferde fanden, haben sie sie benutzt, ausgenutzt und mit Kraft unterworfen. Dies ist aber auf Dauer frustrierend, und die Zeit der Einschüchterung, der Angst, der Unterwerfung, der mechanischen Mittel, die eingesetzt werden, um Resultate zu erzeugen, ist vorbei. Auch die Männer wissen das und öffnen sich, wie es ihre Pioniere schon vor Jahrhunderten taten (und diese sind noch immer die bekanntesten, die fähigsten PferdeMenschen). Männer sind bereit, neue Wege zu gehen und diese leidenschaftlich zu vertreten. Sie sind auch bereit, Frauen und Pferde mitzunehmen. Schritt für Schritt wird die Heilung fortschreiten und Harmonie zwischen allen Beteiligten eintreten.

Wozu sind die Pferde bei uns?

Pferde … Sind sie ein reiner und vollendeter Ausdruck der Natur? Sind sie ein Symbol der Freiheit, wenn sie mit wehenden Mähnen oben auf dem Hügel stehen und das Leben überschauen? Sind sie stolz, stark, schön, schnell? Sind sie sensibel oder gefährlich? Mutig oder ängstlich? Dumm oder intelligent? Schmecken sie gut? Sind sie ein Transportmittel? Ein Sportgerät? Ein Freund? Ein Kinderersatz? Was ist der Grund, aus dem es im Moment so viele von ihnen gibt? Wieso stehen sie als Statue in fast jeder Stadt der Welt? Warum sind sie Motiv fast jedes Malers? Wieso sind sie nicht schon längst ausgestorben, warum gibt es sie immer noch, in einem Zeitalter, in dem sie als »antikes Transportmittel« doch wirklich keine Rolle mehr spielen?

Die Pferde bringen uns zurück zur Natur, zu uns selbst. Von woher? Wovon würdest du dich gern befreien lassen? Ich würde zuerst einmal mich selbst befreien, aus meinem selbst gebauten Gefängnis der Enttäuschung und des Misstrauens. Dann von Angst vor Kritik. Später vom Geldmangel. Dann von Krankheit. Am liebsten auch von Verwirrung und Überlastung. Auch mein Alltag, meine Kinder und dann das ganze Dorf könnten Freiheit gebrauchen. Freiheit für die Schulen, Freiheit von Krieg und Unterdrückung, Gewalt und Ignoranz. Freiheit von Hass und Neid. Freiheit von Tod. Freiheit von Arroganz. Oh ja, Freiheit von Egospielen. Das würde mir persönlich schon reichen, vielleicht braucht es noch Freiheit von Eifersucht, Gier und Gleichgültigkeit. Dann bräuchte die Erde noch Freiheit von Umweltverschmutzung, Hunger, Machtdenken, Ausnutzung, Ausbeutung, Kriminalität, Drogenkonsum und Stress. Freiheit von einer Welt, die sich zu weit von der Natur entfernt hat. Wenn dir noch etwas einfällt, schicke mir doch eine Liste. Denn die Pferde sind bei uns, um uns von all dem zu befreien, auch von dem, was jetzt noch nicht aufgeschrieben steht und uns darin behindert, wir selbst zu sein, unser wahres Selbst.

**Die Pferde sind hier,
um uns zu befreien.**

Sie haben diese Aufgabe gern übernommen. Sie sind frei und schnell, seit Anbeginn. Wenn sie sterben, dann in Freiheit, wenn sie leiden, dann frei und ohne eine Klage, sind sie eingesperrt, bleibt ihre Essenz dennoch frei, sind sie angebunden, befreien sie sich, sind sie ausgenutzt, so befreien sie den Ausnutzer …

Pferde sind. Wir tun.
Die Zeit ist reif. Die
Zeit, Freiheit zu sein.

Wen wollen Pferde aus uns machen?

Pferde wollen gar nichts. Sie kennen das brennende »Wollen« der Menschheit nicht; sie treiben durch Raum und Zeit, immer im Einklang mit dem, was gerade ist, selbst wenn es schlechte Zeiten sind. Sie wünschen sich nicht an andere Orte, in andere Situationen. Genauso wenig haben sie den Anspruch, uns irgendwie zu verändern. Pferde kennen das »inspirierte Handeln«, sie erhalten alle Anweisungen für den Moment direkt vom Universum, weil sie immer mit dem Moment verbunden sind.

Genau das ist die große Chance für die Menschheit – im Kontakt mit dem edlen, starken und weisen Pferd durch die Tür der Anwesenheit im Moment zurück zu sich selbst zu finden. Pferde inspirieren uns dazu, unser bester Anteil zu sein. Sobald wir uns auf den Weg machen, die Pferdesprache zu erlernen und anzuwenden, werden wir uns zuerst unseres Körpers bewusst, unserer Körpersprache, die immerhin mehr als 70 % unserer Kommunikation ausmacht. Worte sind nur zu etwa 7 % wichtig! Um mit dem Pferd reden zu können, lernen wir, unseren Körper bewusst zu bewegen, ihm zuzuhören, ihn zu benutzen. Vielleicht merken wir zum ersten Mal in unserem Leben, welche Kraft unsere Kommunikation »aus dem Bauchnabel« hat! Andere Menschen müssen jahrelang orientalische Sportarten lernen, um das gleiche Körperbewusstsein zu entwickeln, das zu erreichen das Pferd uns herausfordert. Pferde sind meist überglücklich, wenn wir anfangen, ihre Sprache zu erlernen, sind interessiert an dem echten Austausch mit uns – und daher auch geduldig mit unseren anfänglichen Fehlern … Sie »hängen an unseren Lippen … »Endlich!!« Später lehren Pferde uns dann, unsere Raubtierinstinkte abzulegen.

Wollen wir also eine exzellente Beziehung mit dem Pferd, so arbeiten wir an uns: Wir gehen nicht mehr einfach geradlinig von A nach B, sondern finden kreisförmige, laterale, »Sowohl-als-auch«-Lösungen; wir lassen nicht mehr impulsiv unsere Jägerhände zupacken, um sie dann einfach nicht mehr zu öffnen, sondern wir entwickeln einen sanften, gefühlvollen Gebrauch unserer Hände, schließen sie sehr langsam und öffnen sie sofort wieder; wir reden nicht mehr einfach nur, ohne zu merken, was wir sagen, sondern wir befreien uns zuerst einmal von überflüssigem Zeug und hören dem Pferd geduldig zu, was es am jeweiligen Tag zu sagen hat.

Im weiteren Verlauf unserer gemeinsamen Reise werden wir Menschen von Pferden Qualitäten lernen wie Geduld, innere Stärke, Ehrlichkeit, natürliche Führungsqualität, Entschlossenheit, Gelassenheit, Liebe und ein offenes Herz. Wir werden lernen, uns in diese edle Kreatur einzufühlen. Allein schon die Tatsache, dass wir lernen, mit einem Lebewesen, das keine Menschenwörter sprechen kann, zu kommunizieren, ihm zuzuhören, seine Meinungen, Gefühle und Handlungen vorauszusehen, reicht aus, um uns von Grund auf zu verändern.

Pferde bringen Menschen sanft und beständig zurück in ein Leben, das die Naturgesetze respektiert.

Dank ihrer kommen Menschen zu sich selbst, zu ihrer wahren Essenz. Manchmal leben PferdeMenschen im Gleichgewicht mit der Schöpfung und sind fast wie Engel – sie könnten fliegen, weil sie sich selbst so leicht nehmen. Sie lachen über sich und lernen aus ihren Fehlern. Fehler machen gehört zu ihrer täglichen Erfahrung, denn wer ist schon perfekt in der Pferdesprache? Sie verstehen, was Pferde brauchen und werden dann automatisch zu natürlichen Menschen – zu angenehmen, sympathischen Zeitgenossen.

Sind unsere Lebenswege mit denen der Pferde verwoben?

Daran gibt es keinen Zweifel! Pferde haben uns jahrhundertelang getragen, Dinge für uns gezogen und transportiert, uns dabei geholfen, den Boden zu bearbeiten, unsere Schlachten geschlagen, und sie sind für uns gestorben. Wir sind noch immer von ihnen fasziniert, und auch heute noch sind Pferde bereit, uns alles zu geben.

Nie zuvor gab es so viel Freiheit und so viele Möglichkeiten, unsere Träume mit Pferden zu verwirklichen wie heute. Da Pferde ja eigentlich nicht mehr gebraucht werden, um der Menschheit physisch zu dienen, haben sie ihren Dienst auf die mentalen, emotionalen und spirituellen Anteile der Menschheit verlegt – jetzt stehen sie im Dienst der Wahrheit und Heilung.

Die Frage ist weniger, ob, sondern vielmehr wozu unsere Lebenswege so eng verbunden sind.

Vielleicht ist das Pferd die Gestalt der schönsten Anteile unserer Seele. Pferde sind eine Augenweide in ihrer strahlenden Schönheit, Anmut und Reinheit, in ihren harmonischen Bewegungen, ihrem Tanz mit dem Leben, ihrer Schnelligkeit, ihrer Unschuld. Vielleicht sind Pferde dazu da, uns an den Ursprung zu erinnern, an diese vergessene Tatsache, dass wir auf der Welt sind, um leichtfüßig mit dem Leben zu tanzen. Vielleicht sind Pferde dazu da, um die Kinder, vor allem Mädchen, die von ihrem Vater aus Zeitmangel und Angst vor Fehlinterpretationen nicht getragen wurden, auf ihrem Rücken gesund zu schaukeln. Um den sogenannten Behinderten ein Körperbewusstsein zu geben. Um verschlossene, vergrämte Herzen zu öffnen. Um uns dazu zu animieren, in ihren kristallklaren Spiegel zu schauen und uns zu entwickeln. Um uns zum Tanzen zu bewegen, zusammen mit ihnen. Um auf ihrem Rücken zu fliegen. Um den Wind der Freiheit in der Mähne zu spüren. Um uns in

die Schranken zu weisen. Um ihre
Kraft und Schnelligkeit zu verehren,
Demut zu lernen. Um unsere Ängste
zu umarmen, sie zu überwinden und
an ihnen zu wachsen.

Ich weiß nicht genau, wozu
unsere Lebenswege miteinander
verwoben sind. Ich weiß nur,
dass dem so ist, immer war
und immer sein wird.

Welche Rolle spielen Pferde bei der Heilung des Planeten?

»Heilung des Planeten«, was soll das eigentlich sein? Sprich den Satz aus, und jedes Lebewesen wird dir antworten. Mit Panik, mit Abwehr, mit Überheblichkeit, mit Empathie, mit Leidenschaft. Die Art des Lebewesens spielt dabei keine Rolle, denn alle kennen sie die Wahrheit: Unser Planet ist krank und müde, und das nicht erst seit gestern. Wir wissen Bescheid, hören die Berichte, sehen die Buchtitel, sprechen mit Freunden darüber. Wir atmen die schwere Luft, trinken das müde Wasser, essen veränderte Lebensmittel und akzeptieren Allergien und Tumore als Alltäglichkeit. Wir fahren mit schnellen Autos, reisen mit Flugzeugen, surfen im Internet und leben unser Leben im Bann des Geldes. Wir sind so gestresst und überfordert, in guten und in schlechten Tagen, dass wir das Wissen um unser Befinden ganz unten im tiefsten Keller gelagert haben. Manchmal kommen wir daran vorbei und sagen: »Oh, es ist Zeit, wir müssen etwas tun.« Und dann vergessen wir es schnell wieder. Nur einige wenige ändern wirklich etwas.

»Sweet Medicine«
von Marina Sassi

Wenn wir über die Heilung des Planeten reden, dann müssen wir die Krankheit zuerst einmal als Tatsache akzeptieren und dann diagnostizieren. Der erste Schritt ist, genau hinzuschauen und festzustellen, wo wir uns befinden. Einverstanden? Unser Planet ist krank. Also braucht es Heilung. Der Planet braucht Heilung. Wir brauchen Heilung, denn wir sind der Planet. Wir brauchen dringend Vitalstoffe, physische, emotionale und mentale, genau wie unser Planet. Im Moment interessiert mich nicht einmal, welche Krankheit er genau hat. Von der Schulmedizin werden ja eh fast alle Krankheiten als unheilbar bezeichnet. Die größte aller Arzneien aber ist die Liebe – und Liebe ist es, was wir am allerdringendsten brauchen.

Pferde sind reine Liebe. Ich sehe sie galoppieren über den blauen Planeten. Allerdings ist es dunkel unter ihren Hufen, denn sie galoppieren über eine leidende Menschheit. Jeder Kontinent ist voll von ihnen, und ich kann nur die dunklen, kranken und traurigen Köpfe erkennen. Jeder Quadratmeter ist eingenommen, es gibt keinen Platz mehr. Doch diese freien und schönen Pferde bringen Frische, Wind, Heilung. Sie selbst sind weiß, heilig, und ihre Mission ist es, in jede Seele und in jeden Körper Freiheit zu bringen. Einmal mehr sind sie die Helfer der Menschheit, aber diesmal sind sie frei, sie haben die Ausbeutung, die Gewalt, die Härte und Ungerechtigkeit, die Unterjochung ihrer Freiheit bedingungslos vergeben. Nun bringen sie uns Freiheit und Erlösung. Hinter ihnen erleuchtet die Menschheit, die Köpfe werden golden, erst einzelne, dann alle zusammen. Die goldene Menschheit ist geheilt, ganz und frei, und der Planet erstrahlt golden und blau. Gold und Blau sind die Farben der Heilung und des Lebens … Es ist soweit:

Pferde spielen eine Schlüsselrolle
bei der Heilung des Planeten.

Wie sieht die Zukunft für Pferde und Menschen aus?

Wer kann schon wirklich die Zukunft voraussagen? Eins steht auf jeden Fall fest: Pferde und Menschen werden in der Zukunft Grenzen überschreiten; nichts wird je wieder so sein, wie es war. Jeder Moment wird neu sein, und die Chancen, dass Pferde und Menschen zusammen echte Einheit finden, stehen gut. Nie gab es ein Zeitalter aller Möglichkeiten wie heute, nie gab es solch unendliche Informationen, nie konnten Menschen innerhalb kurzer Zeit alles lernen, was sie sich wünschten, nie war das Interesse an alternativen Wegen, Wegen, die aus der Frustration der Trennung in die Natürlichkeit der Ganzheit führen, so groß, nie war der Durst nach echtem Wissen so weit verbreitet.

Die Zeit ist reif für Einheit. Menschen geben sich allgemein nicht mehr damit zufrieden, dass einige wenige, sogenannte Experten, gut mit Pferden umgehen können; sie sind bereit, selbst die Reise anzutreten, um echte PferdeMenschen zu werden. Sie sind bereit, auf ihre eigene Stimme zu hören, die Allwissenheit und guten Ratschläge der »Experten« zu hinterfragen und selbst eigene Wege zu gehen, auch wenn sie vielleicht neu und abenteuerlich sind. Es scheint fast so, als würde die Schwelle zur Freiheit überschritten, als wollten Menschen die alte Welt der Autorität, Einschüchterung und Gewalt nicht mehr akzeptieren. Meist sind es Frauen, die aufbrechen, die das Beste für sich und ihr Pferd wollen, weil sie ahnen: Es gibt eine bessere Welt, diese Welt lebt schon in uns, und die Pferde begleiten uns dorthin.

Wie sähe denn eine ideale Zukunft aus? Für die Pferde wäre sie natürlich, im Respekt ihrer Bedürfnisse, raus aus den Boxen und Reitställen auf die Weiden und in die Herde; Schluss mit industriegefertigten Futtermitteln, zurück zu den Früchten von Mutter Erde; fort von harten Gebissen und Peitschen hin zu den Strickhaltern und Karottenstecken; weit entfernt von unpassender Zäumung in geschmeidig angepasste, technologisch hoch entwickelte Sättel; raus aus der alten Schule von Einschüchterung und Bestrafung in eine interessante Akademie gegenseitigen Sprachstudiums.

Für die Menschen wäre die ideale Zukunft natürlich, fort von zu viel ungewollter Arbeit, Verpflichtung und Einschränkung in die Selbsterfüllung, die Lebensaufgabe, mit Spaß, Freude und Enthusiasmus; raus aus dem einschränkenden Lebensmodell von »zu wenig« in den natürlichen Zustand von »reichlich«; weg von »ich kann nicht« zu »nichts kann mich bremsen«; fort von Isolation zu Gemeinsamkeit; Schluss mit Ersatzbefriedigungen, zurück zu echter Liebe und Leidenschaft; weit weg von der erfundenen, profitgierigen Kunstwelt und zurück in die Natur der echten und einzigen Schöpfung.

Für uns PferdeMenschen wäre die ideale Zukunft die Aufhebung aller Schranken zwischen zwei Gattungen; Verständnis, Fortschritt, Erfolg in der Beziehung zu unserem Pferd; Einheit mit dem anderen Wesen, sodass seine Beine unsere werden, sein Körper unser Körper und seine Gedanken unsere Gedanken. Einheit und Gleichgewicht mit allem Sein.

Ein Paradies?
Ja, ein echtes Paradies, und es ist nur
einen Schritt von uns entfernt.

Unglaublich, aber wahr. Vielleicht ist doch nicht alles so hoffnungslos, wie es scheint. Wer weiß …

TEIL II
Die natürliche Kommunikation

»Non faciunt meliorem
equum aurei freni.«

»Goldene Zügel machen
ein Pferd nicht besser.«

Seneca, »Epistulae morales«

Die natürliche, positive und fort-
schrittliche Einstellung ist die wichtigste Zutat, die ein PferdeMensch
in die neue, natürliche Beziehung zu
seinem Pferd mitbringt. In den folgenden Kapiteln erhält jeder PferdeMensch und auch derjenige, der
es noch werden will, die wichtigsten
Grundlagen, um diese Einstellung
zu entwickeln. Außerdem werden
echte praktische Schritte beschrieben, um gleich zusammen mit dem
Pferd den Aufbau der natürlichen
Beziehung zu beginnen.

ÜBERBLICK
Ein wenig Geschichte

Wir leben in einem wahrhaft speziellen Moment, im Zeitalter der unbegrenzten Möglichkeiten, und eine Revolution ist im Gange. Dabei handelt es sich um eine stille, sanfte und stetige Bewegung, die langsam, aber sicher die Beziehung zwischen Pferd und Mensch auf natürliche Weise verändert. Diese Revolution begann etwa in der Mitte des letzten Jahrhunderts, als einige wenige Menschen anfingen, das Pferd nicht nur als Arbeits- oder Sporttier zu sehen, sondern als einzigartiges Wesen mit besonderen Eigenschaften.

Nun ist die richtige Zeit für diese Revolution, weil wir Menschen nicht mehr auf die Pferde angewiesen sind. Wir reisen schneller mit Auto, Zug oder Flugzeug und arbeiten effektiver mit Traktoren und anderen Maschinen. Das Pferd spielt heutzutage fast ausschließlich in der Freizeit der Menschen eine Rolle. Natürlich ist dies eine etwas vereinfachte Darstellung, und doch ist die Tatsache, dass wir zur Fortbewegung und zur Verrichtung verschiedener Arbeiten die Pferde nicht mehr brauchen, der Hauptgrund, aus dem immer mehr Menschen, vor allem Frauen, aktiv an dieser Revolution in der Pferdewelt teilnehmen.

Der Urvater dieser Revolution ist Tom Dorrance (1910 – 2003), der als einfacher Cowboy im Westen der USA lebte und arbeitete. Er versuchte als erster, die Welt vom Standpunkt des Pferdes aus zu betrachten und eine natürliche Beziehung aufzubauen, basierend auf gegenseitigem Respekt und Vertrauen. Seine Erfahrungen gab er an andere weiter, doch Tom war ein bescheidener Mann und lehnte es häufig ab, Interviews zu geben oder zitiert zu werden. Eine seiner Aussagen war: »Wenn dir etwas mit dem Pferd gelingt, dann hast du vielleicht etwas verstanden, wovon ich dir erzählt habe. Wenn es dir jedoch nicht gelingt, hast du mich vielleicht nicht wirklich verstanden oder hast es falsch angewendet. In keinem der beiden Fälle möchte ich mit meinem Namen erwähnt werden.«

Tom Dorrances bester Schüler ist Ray Hunt. Er begegnete Tom zum ersten Mal im Jahr 1960 und war fasziniert von den wertvollen Konzepten und Ideen, die dieser ihm vermittelte. Ray begann, dieses Wissen aufzunehmen und umzusetzen. Noch heute ist er ein aktiver PferdeMensch und unterrichtet Natural Horse-Man-Ship in den USA. Sein Verdienst ist es, dass die Revolution mittlerweile in vollem Gange ist. Die meisten der heute zum Teil weltbekannten Trainer, Instruktoren und HorseMen sind von Ray Hunts Arbeit beeinflusst und geprägt worden, viele der sogenannten Pferdeflüsterer saßen bei einem von Rays Kursen auf dem Zaun und nahmen das enorme Wissen und Können dieses PferdeMenschen auf, um es danach selbst umzusetzen und weiterzugeben.

Woher stammt dieses Wissen? Nun, man sagt, dass es so alt ist, dass es bereits wieder neu scheint. Diese Aussage ist nicht von ungefähr, denn bereits in den Schriften Xenophons, des griechischen Generals, Philosophen und Staatsmannes, können wir über natürliche Trainingsmethoden ohne Zwang und Gewalt nachlesen. Geschrieben vor über 2 300 Jahren, haben seine Ansätze noch heute Gültigkeit, denn er sagte zum Beispiel: »Wie gut kann wohl die Vorstellung eines Tänzers sein, wenn er unter Gewalt und mit der Peitsche dazu gezwungen wird?«

Für viele darauffolgende Jahrhunderte gibt es kaum wirkliche Beweise für natürliche Beziehungen zwischen Pferden und Menschen. Das dunkle Mittelalter brachte jedenfalls nicht viel Licht in die Reiterei. Erst im 17. Jahrhundert finden wir Namen von gebildeten Menschen, die das

Reiten als eine Kunstform sahen und als solche förderten. In Frankreich unterrichtete François Robichon de la Guérinière an der Reitschule des Königs. Sein Buch über Pferdeausbildung, geschrieben 1729, ist noch heute ein Standardwerk für viele Dressurreiter. Aussagen wie »Das Wissen um die Natur der Pferde ist einer der ersten Bausteine der Reitkunst, und jeder Reiter muss es sich zu seinem Studium machen« zeigen, dass de la Guérinière um Einstellung und Wissen seiner Schüler besorgt war.

Mit der Französischen Revolution nahm die Reiterei als Kunstform ein jähes Ende. Es war nicht mehr populär, ein Aristokrat zu sein und seine Zeit auf dem Rücken eines Pferdes zu vergeuden. Napoleons Armee brauchte schnell viele Pferde und Soldaten. Von diesem Zeitpunkt an diente die Reiterei in Europa vor allem rein militärischen Zwecken.

Nur in Ländern wie Spanien und Portugal konnte das Reiten als Kunstform überleben und wurde zu einem wichtigen kulturellen Bestandteil. Auch in den spanischen Kolonien Amerikas genoss das Pferd diesen Wichtigkeitsgrad, und vor allem in den weiter entfernten und schwierig erreichbaren Gebieten wie Kalifornien erblühte eine einzigartige Reitkunst – die der kalifornischen Vaqueros. Die Hügel Kaliforniens waren sanft und weit, die Ranches einst riesig, und die Vaqueros verbrachten jeden Tag viele Stunden auf dem Rücken ihrer Pferde. Ihre Arbeit war wenig mühselig oder schweißtreibend, denn immer wieder hatten sie genügend Zeit, sich mit ihren Tieren und deren Ausbildung zu beschäftigen. Kalifornien, ein Land ohne Grenzen, Vaqueros mit spanischem Blut in den Adern und Hochmut in den Herzen – diese Verbindung brachte Wissen und Können um die Pferde hervor. Das Erbe der Vaqueros haben Menschen wie Tom Dorrance und Ray Hunt an uns weitergegeben, und damit schließen sich die Kreise.

Durch die Geschichte lernen wir, dass es nicht bestimmte Techniken sind, die uns weiterbringen, sondern unsere Geisteshaltung und unsere Einstellung gegenüber dem Pferd. Es geht darum, dass wir lernen können, dem Pferd als Partner entgegenzutreten und es als das wahrzunehmen, was es ist: ein edles Geschöpf, ausgestattet mit Attributen wie Kraft und Schnelligkeit … In Einheit mit ihm können wir Menschen zu neuen Welten aufbrechen und über uns hinauswachsen.

Den größten Teil der Kenntnisse rund ums Pferd und das Natural Horse-Man-Ship haben wir, Ariane und Edwin, bei unseren Mentoren Pat und Linda Parelli erworben. Lange Zeit waren wir deren Vertreter in Italien und Spanien, und Edwin arbeite zudem zehn Jahre in ganz Europa als Parelli Instruktor. Deshalb ähneln einige der Prinzipien, Qualitäten, Ausrüstungen und Konzepte, die in den folgenden Kapiteln beschrieben werden, der Lehre Pat Parellis – das ist nicht zu vermeiden.

Dieses natürliche Wissen ist nach unserer langjährigen Erfahrung sehr wertvoll, und wir möchten es euch hier so getreu wie möglich mitteilen und es so mit euch teilen.

Prinzipien der natürlichen Pferd-Mensch-Beziehung

Wann immer wir im Leben etwas zum Erfolg führen, geschieht dies, weil wir uns an gewisse Prinzipien halten. Man könnte sie beispielsweise auch Naturgesetze oder Standards nennen. Diese Prinzipien helfen uns dabei, auf dem Weg zu bleiben, die Richtung nicht aus den Augen zu verlieren. Sie erinnern uns daran, wer wir sind und was wir wirklich wollen.

Wenn wir in unserer Beziehung zum Pferd nicht an Regeln oder Traditionen festhalten, sondern uns nach Prinzipien richten, haben wir eine größere Chance auf Erfolg – denn Regeln und Traditionen schränken ein und veranlassen uns dazu, nicht selbst zu denken, sondern uns auf andere zu verlassen.

Prinzipien sind Grundsätze, eine Geisteshaltung, und sie lassen immer die Möglichkeit offen, in den jeweiligen Situationen die richtigen Entscheidungen selbst zu treffen und Lösungen zu finden.

Dies sind unsere Prinzipien im Umgang mit Pferden:

Die Beziehung zwischen Pferd und Mensch kann natürlich sein.
Pferde sind Fluchttiere, wir Menschen sind Raubtiere. Was ist denn an dieser Beziehung natürlich? Von den Tausenden von verschiedenen Tierarten haben die Menschen nur wenige, vielleicht ein Dutzend, mit Erfolg domestizieren können, und eines davon ist das Pferd. Schon früh entdeckten sie, welchen Nutzen ihnen ein so großes und starkes Tier bringen konnte, und die Welt, wie wir sie heute kennen, wäre anders, hätten unsere Vorfahren nicht die Stärke und Schnelligkeit der Pferde für ihre Belange einsetzen können. Von Anbeginn haben Menschen in Pferden aber auch etwas bewundert, was über ihr Verständnis hinausgeht. Schon zu Zeiten der Höhlenbewohner wurden sie als edle, göttliche Tiere verehrt, und in jeder Mythologie spielen Pferde eine wichtige Rolle. Auch das Pferd trägt natürlich seinen Teil zur Beziehung bei. Obschon es in der Natur als Flucht- und Beutetier ängstlich ist, kann es sehr flexibel sein, schnell lernen und seine Angewohnheiten ändern, um sich auf neue Situationen einzustellen. Dies ermöglicht es ihm, den Menschen als Alphatier in seiner Herde zu respektieren. Zwischen Pferd und Mensch kann eine natürliche Beziehung entstehen, wenn das Pferd lernt, seine Instinkte als Fluchttier anders zu nutzen, und wir Menschen lernen, unsere Instinkte als Raubtier abzulegen, dem Pferd Verständnis entgegenbringen und mit ihm in der Pferdesprache zu kommunizieren.

Sei nicht voreingenommen.
Wir Menschen leben häufig in der Vergangenheit oder in der Zukunft und haben bestimmte Vorstellungen davon, wie die Gegenwart aussehen sollte. Pferde hingegen leben im Moment und sind präsent – was gestern war, ist vielleicht heute anders, und an morgen denken sie einfach nicht. Unvoreingenommen sein bedeutet zwei Dinge. Erstens: dem Pferd im Hier und Jetzt zu begegnen, präsent und wach zu sein, bereit, jeden Moment mit ihm zu erleben. Zweitens: nicht an der Vergangenheit festhalten, nicht an alte Geschichten glauben und sich daraus eine Meinung bilden. Nur weil mir jemand erzählt, wie sein Pferd dies oder jenes gemacht hat oder was alles passiert ist, will ich mich nicht auf diese Geschichte aus der Vergangenheit einlassen und mir daraus eine Meinung über das Pferd bilden, sondern ich will dem Tier heute und jetzt, in diesem Moment begegnen und daraus lernen. Diese Einstellung hilft uns, dem Pferd gerecht zu werden und sein Potenzial zu fördern, eine Beziehung aufzubauen und jeden Tag neu an ihr zu arbeiten.

Kommunikation findet statt, wenn zwei eine Idee teilen.
»Lasse deine Idee auch zur Idee des Pferdes werden, aber verstehe zuerst einmal seine Idee« ist ein Leitsatz in unserer Arbeit mit Pferden. Wenn du redest, ohne dass dein Gegenüber dir zuhört oder dich versteht, dann hast du eben nur geredet, aber nicht kommuniziert. Bei der Kommunikation findet ein Austausch statt, eine Idee wird übermittelt und vom anderen aufgenommen und umgesetzt. Es ist ein Fließen von Energie und Interessen, und es geschieht mit Vertrauen und Respekt. Wenn einer dieser beiden Aspekte fehlt, wenn Angst oder Desinteresse da sind, kann keine wirkliche Kommunikation stattfinden. Als natürlicher PferdeMensch wirst du immer darum bemüht sein, bei deinem Pferd Interesse zu wecken, um seine Aufmerksamkeit zu bekommen – ohne dass dabei Angst oder Unsicherheit aufkommen. Nur wenn das Pferd dir vertraut, kann es wirklich für eine Kommunikation offen sein und seinen Teil zum guten Gelingen derselben beitragen.

Pferd und Mensch haben Verantwortungen.
In einer Partnerschaft muss man sich auf den anderen verlassen können. Deshalb ist es wichtig, dass sowohl das Pferd als auch der Mensch ihre Verantwortungen wahrnehmen. Eine Partnerschaft besteht, wenn zwei, die sich getroffen haben, ihre Verantwortungen teilen und Entscheidungen miteinander absprechen. In der Beziehung zum Pferd liegt unsere Rolle irgendwo zwischen einem guten Leader und einem gleichwertigen Partner. Leader haben eine starke Autorität, sind von sich selbst überzeugt und fällen mit Leichtigkeit wichtige Entscheidungen für alle anderen. Bis zu einem gewissen Grad sind sie offen für andere Vorschläge und Meinungen, solange die letzte Entscheidung bei ihnen liegt. Wir wollen in der Pferd-Mensch-Beziehung die Position des Alphatiers übernehmen und ähnlich wie ein guter Leader Entscheidungen treffen, dabei jedoch auch die Meinungen und Bedürfnisse unseres Pferdes berücksichtigen. Wir müssen dafür lernen, unsere Aktionen nicht von unserem Raubtierinstinkt leiten zu lassen, wir müssen anfangen zu entdecken, wie ein Pferd denkt und fühlt, anfangen, die natürliche Kraft als Fokus zu gebrauchen und einen unabhängigen Sitz beim Reiten zu entwickeln. All dies sind unsere Verantwortungen, um dem Pferd ein gerechter Partner zu sein. Das Pferd wiederum kann lernen, uns zu vertrauen und nicht seinem Fluchttierinstinkt zu gehorchen, es kann lernen, seine Gangart und Richtung so lange beizubehalten, bis wir sie ändern, und dabei aufzupassen, wo es hintritt. All diese Verantwortungen scheinen

94

einfach zu sein, sind aber erst einmal das genaue Gegenteil zum jeweils instinktiven Verhalten. Durch das Einhalten aller Verantwortungen können Pferd und Mensch sich als Partner näherkommen und eine Beziehung aufbauen, die auf Respekt, Vertrauen und gegenseitigem Verständnis basiert.

Gerechtigkeit ist effektiv.

Kannst du richtig bestimmt sein, wenn es nötig ist, ohne dabei aggressiv und wütend zu werden? Pferde kennen keine Bestrafung, wie sie bei uns Menschen üblich ist, sie leben im Moment, und daher zählt auch nur das, was im Moment geschieht. Es macht für ein Pferd keinen Sinn, wenn ein Reiter es für etwas bestraft, was schon lange vor dieser Bestrafung passiert ist. Ist etwas vor zwei Minuten passiert, dann ist das für ein Pferd schon »lange her«. Kannst du auch freundlich sein zu deinem Pferd, ohne ein Weichling zu werden und es zu verhätscheln?

> Sei so lieb zu deinem Pferd, wie du es zu einem kleinen Kind wärst, und so bestimmt, wie ein anderes Pferd es auch behandeln würde.

Dies ist eine große Spannweite. Unsere Aufgabe ist es, eine Gerechtigkeit zu entwickeln, die beide Aspekte einschließen kann. Wir können unserem Pferd nie zu viel Liebe und Verständnis entgegenbringen. Ihm Karotten füttern und eine neue Decke kaufen geben ihm aber einfach nicht die Zuneigung, die es eigentlich braucht. Ein Pferd fühlt sich geliebt, wenn es in Sicherheit ist, seinem Leader vertrauen kann und als Pferd leben darf. In der Pferd-Mensch-Beziehung müssen wir auch lernen, negative Gefühle und Aggressivität zu kontrollieren bzw. sie uns ganz abzugewöhnen. Dies scheint eines der schwierigsten Dinge für uns Raubtiere zu sein. Gerechtigkeit ist effektiv, weil wir das Pferd als Pferd behandeln und ihm auf seine natürliche Art und Weise gerecht werden und keine menschlichen Gedanken und Gefühle in die Beziehung hineinprojizieren.

Die Körpersprache ist universell.

Um eine natürliche Beziehung zu Pferden aufzubauen, brauchen wir eine gemeinsame Sprache, die die Brücke schlägt zwischen zwei sich eigentlich in der Natur nicht verstehenden Lebewesen. Der einfachste und kürzeste Weg ist es, die Körpersprache zu gebrauchen und dadurch unsere Kommunikation mit dem Pferd zu beginnen. Die Körpersprache ist universell, jeder Mensch kann die Gefühle eines anderen Menschen allein in dessen Körperhaltung lesen, auch wenn er die Person nicht kennt oder deren Sprache gar nicht spricht. Dasselbe gilt für Pferde und andere Fluchttiere. Wie kann ein Zebra zum Beispiel wissen, ob der Löwe hungrig ist oder nicht? Es ist die Körpersprache des Löwen, die dem Zebra sagt, ob es fliehen muss. Genauso kann ein Pferd einschätzen, ob wir auf die Weide gehen, um es einzufangen oder nur, um den Zaun zu reparieren. Pferde sind hervorragende Beobachter und haben die Fähigkeit, aus bereits gemachten Erfahrungen die aktuelle Situation zu verstehen und daraus eine Entscheidung zu treffen. Somit können wir lernen, uns auf eine bestimmte Art und Weise zu bewegen, um mit dem Pferd zu kommunizieren. Diese Sprache kann so weit verfeinert werden, dass bald nur noch ein kleiner Fingerzeig nötig ist, um das Pferd dazu zu veranlassen, in eine bestimmte Richtung zu gehen – denn dann liest es unsere Absicht in unserer Körpersprache und antwortet darauf.

Pferde lehren Menschen, und Menschen lehren Pferde.

Man kann auch sagen »alter Reiter – junges Pferd« und »altes Pferd – junger Reiter«, wobei mit »alt« und »jung« nicht unbedingt das Lebensalter gemeint ist, sondern die Erfahrungen, die Mensch und Pferd in die Beziehung einbringen. Es ist ein weitverbreiteter Irrtum zu glauben, dass ein Fohlen zu einem guten Reitpferd heranwächst, wenn es die ersten Jahre seines Lebens im Garten hinter dem Haus verbringt und deshalb dem unerfahrenen Menschen vertraut und ihn respektiert. So etwas kann nicht funktionieren, es wird normalerweise sogar zu einem gefährlichen Unterfangen, denn in der Natur wird das junge Pferd durch die älteren, erfahrenen Pferde geschult und auf das Leben vorbereitet. Deshalb braucht es auch einen erfahrenen Menschen, der diese Führungsrolle übernehmen kann. Umgekehrt sollte der unerfahrene Mensch sich auf die Erfahrungen eines bereits ausgebildeten Pferdes verlassen und von ihm lernen. Alle guten, erfahrenen PferdeMenschen sagen, dass sie das meiste von Pferden gelernt haben, und in dieser Aussage steckt viel Wahrheit. Es gibt so vieles, was wir von ihnen lernen können, so viel zu entdecken über uns selbst und die Natur, bis wir dann eines Tages in der Lage sind, all diese Erfahrungen an andere Menschen und junge Pferde weiterzugeben.

Prinzipien, Ziele und Zeit sind die Werkzeuge zum Lehren.
Hier sind wir wieder bei Prinzipien angelangt, und somit schließt sich der Kreis. Die Prinzipien sind die Grundlage für unsere Arbeit an uns selbst und mit unserem Pferd. Danach setzen wir uns ein Ziel und arbeiten daran, es zu erreichen, jedoch immer im Einklang mit diesen Prinzipien. Das ist schwierig für uns Menschen, denn häufig setzen wir uns ein Ziel und versuchen dann um jeden Preis, dieses zu erreichen – auch in der Pferd-Mensch-Beziehung, egal ob dabei die Beziehung zum Pferd leidet oder gar zerstört wird. Es ist zudem wichtig, wie viel Zeit wir uns geben. Haben wir genügend Zeit, um das Pferd richtig vorzubereiten und die Prinzipien zu respektieren? In der normalen Reiterei gibt es vor allem zwei Einstellungen: Die einen Menschen haben hohe Ziele und wollen mit ihren Pferden einen Wettbewerb gewinnen, egal was es kostet und was das Pferd dabei erlebt. Sie sehen nur das Ziel, ohne auf Prinzipien zu achten. Die anderen wollen einfach ein Pferd haben und wissen eigentlich nicht genau, warum, sie haben keine Ziele. Nach einiger Zeit ist dann der »Traum vom Pferd« nicht mehr so interessant, weil ein Ziel fehlt. Harmonie entsteht, wenn wir Prinzipien, Ziele und Zeit in Harmonie bringen, wenn wir in allem, was wir tun, die Prinzipien nicht außer Acht lassen, weil unser Ziel zu hoch gesteckt ist oder die Zeit zu knapp geworden ist. Die Beziehung zu unserem Pferd steht an erster Stelle.

Qualitäten eines PferdeMenschen

Wer müssen wir werden, damit uns das Pferd als sein Alphatier respektiert und uns vertraut? Nun, alle Menschen, die mit Pferden auf natürliche Weise erfolgreich sind, haben sich bestimmte Eigenschaften und Qualitäten angeeignet. Auch Pferde entwickeln einige dieser Qualitäten. Die ersten vier der im Folgenden genannten gelten sowohl für Menschen als auch für Pferde. Die restlichen Qualitäten sind bestimmte Eigenschaften, die ein Pferde-Mensch sich in seinem Leben aneignet. Manchmal sind sie auch angeboren; sicher wird er nie aufhören, sie weiterzuentwickeln, um für sein Pferd immer besser zu werden.

Herz und Hingabe

Es gibt nur zwei Sorten von Menschen: diejenigen, die Pferde lieben und alle anderen. Nur mit Herz und Hingabe ist es möglich, sich auf den Weg des Natural Horse-Man-Ship zu begeben, derjenige zu werden, der wir sein müssen, und das zu tun, was notwendig ist, um mit Pferden eine natürliche Beziehung einzugehen. Es gibt auch Menschen, die wenig Herz für Pferde haben und sie nur be- und ausnutzen, die eher an der Medaille interessiert sind als am Wohlergehen des Pferdes. Andererseits gibt es auch Pferde, die Menschen nicht mögen und alles unternehmen, um möglichst wenig mit ihnen zu tun haben zu müssen, Pferde, die gar keine Lust haben, etwas für sie zu tun. Zwischen solchen Menschen und Pferden wird kaum jemals eine natürliche Beziehung entstehen, weil zumindest bei einem der Beteiligten das Herz fehlt. Es gibt auch viele Geschichten von außergewöhnlichen Pferden, die gegen alle Widrigkeiten schneller galoppiert sind und höher gesprungen sind als andere, weil sie so viel Herz und Hingabe hatten. Von Geburt an sind Pferde neugierige Wesen, und ich glaube, wenn wir versuchen, diese Neugierde im Laufe des Pferdelebens nie zu zerstören, sondern weiterzuentwickeln, haben wir gute Chancen, dass Pferde uns ihr Herz schenken und mit uns zusammen sein wollen.

Respekt

Können wir eine Beziehung auf gegenseitigem Respekt aufbauen? Respekt beinhaltet nur Vertrauen und Zusammenarbeit, keine Angst. Pferde können uns als ihr Alphatier respektieren und sich unserer Führung anvertrauen, so, wie sie dies auch bei ihrem Leittier in der natürlichen Herdenstruktur tun. Sie respektieren die Hierarchie in der Herde, weil sie ihnen Sicherheit zum Überleben gibt. Diese Hierarchie wird durch Kontrolle der Bewegung festgelegt – derjenige, der den anderen bewegen kann, ist der Dominierende. Respekt bedeutet auch, die Bedürfnisse des anderen wahrzunehmen und zu akzeptieren, Grenzen zu setzen und diese einzuhalten. Die Bereitschaft zu Respekt wird von beiden Beteiligten mitgebracht und garantiert die gegenseitige Sicherheit. Pferd und Mensch können sich aufeinander verlassen, wenn jeder den anderen respektiert. Als mentale Qualität ist gegenseitiger Respekt eine Entscheidung, die zu einem bestimmten Zeitpunkt gefällt wird. Respekt wird vor allem am Boden erlangt und setzt sich auch beim Reiten fort, es ist nicht einfach, ihn zu erlangen, aber man kann ihn sehr schnell verlieren.

Impulsion

Impulsion ist Vorwärtstrieb, Antrieb, kontrollierte Energie. Es gibt Pferde mit zu viel Impulsion, was bedeutet, dass sie vor allem wegrennen und schwer anzuhalten sind. Andere Pferde haben zu wenig Impulsion, sie wollen sich kaum bewegen und machen am liebsten Pause. Beides ist ein Problem. Wir möchten ein Pferd mit einer ausgeglichenen Impulsion, das einfach vorwärtsgeht und auch einfach wieder anhält. Impulsion ist vor allem eine emotionale Qualität und für uns Menschen von großer Bedeutung. Sind wir emotional fit? Können wir den Herausforderungen, die an einen Leader gestellt werden, gerecht werden, ohne unsere Ruhe und Gelassenheit zu verlieren? Können wir unsere emotionale Energie aber auch, wenn es nötig ist, schnell und zielgerichtet einsetzen? Energie und Emotion ein- und ausschalten zu können, ist eine sehr wichtige Qualität für einen PferdeMenschen, um Harmonie mit dem Pferd zu finden.

Biegung

Sehr häufig verstehen Menschen darunter die vertikale Biegung oder Versammlung, doch dies ist nur eine von zwei Formen der Biegung. Zum einen gibt es die physische Biegung. Kann sich das Pferd in alle Richtungen

biegen, von Kopf bis Schweif? Kann es Schultern, Rippen und Hinterhand biegen? Oder ist es auf einer Seite steif und reagiert mit Widerstand? Wehrt sich das Pferd gegen Biegung, antwortet es mit Gegendruck? Neben der physischen Biegung gibt es die mentale Biegung. Ist das Pferd bereit, all diese Bewegungen für mich auszuführen? Willigt es ein und arbeitet mit mir zusammen? Als Basis dazu brauche ich die drei Qualitäten Herz, Respekt und Impulsion. Nur so ist es möglich, das Pferd um eine harmonische, federleichte Biegung zu bitten.

Fokus

Fokus ist eine der wichtigsten Qualitäten eines PferdeMenschen und die Grundvoraussetzung, um mit dem Pferd in Harmonie zu kommen. Fokus bedeutet, zu wissen, was wir wollen und wie wir dort hingelangen. Unser Körper ist so aufgebaut, dass er uns immer genau dahin bringt, wohin wir schauen. Er gibt allen beteiligten Körperteilen die notwendigen Signale, damit sie genau das Richtige tun, um zum Ziel zu gelangen. Die Kraft des Fokus ist groß, und sie funktioniert auf positive wie auch auf negative Weise. Vor allem beim Reiten ist Fokus extrem wichtig, denn wenn wir im Sattel sitzen, sieht das Pferd unsere Signale nicht mehr, sondern es spürt unseren Körper und all seine Bewegungen. Fokus wird zu einer Art Radarstrahl, der dem Pferd die gewünschte Richtung signalisiert.

Gefühl

Gefühl ist die physische Verbindung zwischen uns und dem Pferd. Welche Qualität von Kontakt können wir ihm anbieten? Alle haben wir schon einmal jemandem die Hand gegeben und fast vor Schmerz aufgeschrien, weil der Händedruck unerwartet fest erwidert wurde … oder wir bekamen eine Gänsehaut, weil die Hand sich eher wie ein schmieriger Fisch anfühlte … oder fühlten uns panisch eingeengt, weil der andere unsere Hand einfach nicht mehr loslassen wollte. All die damit verbundenen Gefühle werden in nur wenigen Augenblicken ausgelöst. Jedes Mal, wenn wir das Seil oder den Zügel in unsere Hand nehmen, kann es dem Pferd ähnlich gehen. Unser Instinkt als Raubtier ist es, etwas schnell zu packen und dann nur langsam wieder loszulassen. Um unserem Pferd bei jeder Berührung ein gutes Gefühl zu geben, müssen wir lernen, diesen Instinkt umzuwandeln in ein langsames Schließen der Hände und ein schnelles Loslassen. Dadurch wird sich das Pferd gern führen lassen und mit Leichtigkeit auf alle unsere Signale reagieren.

Timing

Timing bedeutet, den richtigen Zeitpunkt für etwas zu finden. Je mehr Fokus wir haben, je besser unser Gefühl ist, desto besser wird auch unser Timing werden. Für alles gibt es ein Timing, den besten Moment, um Druck zu machen oder den richtigen Moment, um loszulassen, den einfachsten Moment, um den Fuß zu bewegen oder einen fliegenden Galoppwechsel zu machen. Es kann ein winziger Augenblick sein oder eine ganze Situation. Mit Fokus und Gefühl kommt auch das richtige Timing, und wir können lernen, uns harmonisch mit dem Pferd zu bewegen … in Einheit und nicht wie ein schlechter Tänzer, der immer einen halben Takt hinter der Musik hertanzt.

Gleichgewicht

Gleichgewicht heißt, das eigene Gewicht mit dem Pferd in Harmonie zu bringen. Gleichgewicht wird beeinflusst von Fokus, Gefühl und Timing. Je mehr ich von diesen Qualitäten bereits habe, desto besser wird mein Gleichgewicht mit dem Pferd sein. Gleichgewicht ist die Grundvoraussetzung für einen unabhängigen Sitz beim Reiten. Ohne Sattel und Steigbügel zu reiten, ist eine hervorragende Übung, um den Sitz zu verbessern und die nötige Balance zu erlangen. Auch andere Übungen wie Einradfahren oder Trampolinspringen verbessern unser Gleichgewicht. Zu diesem physischen Gleichgewicht kommen noch die mentale und die emotionale Balance in Form von Ausgeglichenheit und Gelassenheit.

Savvy

»Savvy« ist ein amerikanisches Wort mit französischen Wurzeln, es kommt von »savoir faire« und bedeutet so viel wie »inneres, instinktives Wissen«. Die Definition nach Pat Parelli lautet: »wissen, wann und wo man sein muss, und was man tun muss, wenn man da ist«. Savvy ist also das Wissen, was in welchem Moment zu tun ist, ohne nachdenken zu müssen. Es ist eine angeeignete Kompetenz, eine Verbindung von theoretischem Wissen und praktischem Können. Savvy kannst du nicht in einem Buch nachlesen, aber es wird sich auch nicht einfach einstellen, indem du Zeit mit Pferden verbringst und das tust, was alle anderen auch tun. Savvy gibt dir die Möglichkeit, in allen Situationen das Richtige zu tun, die beste Entscheidung zu treffen und richtig zu reagieren. Du wirst kompetent und weißt schon, was passieren wird, bevor es passiert. Savvy wird ab einem bestimmten Moment zu deiner zweiten Natur, zu einer Art Instinkt, der mit den Jahren der Erfahrung immer sicherer und feiner wird und deine Entscheidungen stark beeinflusst.

Erfahrung

Erfahrung ist Zeit kombiniert mit Savvy. Erfahrung bedeutet mehr als nur die Anzahl der Jahre, in denen jemand ein Pferd besitzt und reitet. Der Mensch mag ein guter Reiter sein, hat aber vielleicht dennoch nicht die nötige natürliche Erfahrung, Zeit mit Savvy und eine gute Partnerschaft mit Pferden entwickelt. Was wirklich zählt, ist die Kombination aller Qualitäten eines PferdeMenschen. Eine führt zur anderen, und sie ergänzen sich im Laufe der Zeit zu einem Ganzen. Erfahrung ist eine bedeutende Qualität, sie wird zu einem wichtigen Teil von dir und prägt deine Persönlichkeit.

Verantwortungen

In der Partnerschaft zwischen Pferd und Mensch tragen, wie bereits angesprochen, beide ihre Verantwortungen. Damit Vertrauen und Respekt in der Partnerschaft wachsen können, müssen sich beide Partner darauf verlassen können, dass der jeweils andere seine Verantwortungen einhält. Diese Verantwortungen sind nicht einfach zu erlernen, weil sie ja eigentlich der Gegensatz zu den natürlichen Instinkten von Pferd und Mensch sind. Um eine Partnerschaft eingehen zu können, müssen beide diese Instinkte in partnerschaftliche Verhaltensweisen umwandeln.

Für den Menschen bedeutet dies, die Bereitschaft zu finden, traditionelle Konzepte loszulassen und neue, natürliche Wege zu gehen.

Verantwortungen des Menschen sind:

Verhalte dich wie ein Partner, nicht wie ein Raubtier.
Das ist für viele Menschen die schwierigste Aufgabe in der Partnerschaft. Vor allem Männer sind oft daran gewöhnt, immer der Beste sein zu wollen und »den Rivalen« zu besiegen. Dazu benutzen sie meist unbewusst ihre natürlichen Instinkte als Raubtier. Im Zusammensein mit Pferden können sie jedoch lernen, ihre aggressiven Verhaltensweisen abzulegen und sich zu öffnen, Dinge nicht zu erzwingen, sondern sie geschehen zu lassen, nicht direkt auf die Lösung hinzuarbeiten, sondern lateral zu denken und auf Umwegen ans Ziel zu kommen. Diese eher weibliche Vorgehensweise führt schneller zum Erfolg mit Pferden. Aggressives Raubtierverhalten schüchtert die Tiere ein und verängstigt sie ... sicher keine gute Grundlage für eine Partnerschaft basierend auf Vertrauen und Respekt.

Denke wie ein Pferd, bevor du denkst wie ein Mensch.
Dies hilft uns dabei, die Welt aus den Augen der Pferde zu erleben und zu verstehen, wie ein Pferd fühlt, denkt und reagiert. Ein indianisches Sprichwort sagt:»Bevor du über einen Mann urteilst, wandere erst einmal einige Zeit in seinen Mokassins.« Dasselbe können wir auch im Bezug auf Pferde sagen. Stell dir vor, du wärst ein Fluchttier, und jedes unbekannte Geräusch und jede Bewegung jagten dir Angst ein. Am liebsten möchtest du nur deinem Instinkt folgen und immer weglaufen ... Pferde haben ausgeprägte Sinnesorgane und sehen durch ihre bilaterale Sichtweise alles, was um sie herum passiert. Sie haben keine so gute Tiefenschärfe und können Distanzen weniger genau einschätzen, aber sie können jede Bewegung in ihrem Umfeld genau orten. Ihr Gehör ist sehr fein, und ihre Ohren können sich in alle Richtungen drehen, um Geräusche besser zu lokalisieren. Wenn wir versuchen, die Dinge vom Standpunkt des Pferdes aus zu betrachten, werden wir lernen, es zu verstehen und es nicht für sein Verhalten kritisieren.

Gebrauche die natürliche Kraft des Fokus.

Es gibt drei verschiedene Arten von Fokussen: den visionären Fokus, den energetischen Fokus und den sehenden Fokus.

Beim visionären Fokus geht es darum, ein Ziel vor Augen zu haben, eine Idee, eine Vorstellung, darum, zu wissen, wohin wir im Leben wollen. Wir stellen uns etwas vor, und unser Unterbewusstsein arbeitet darauf hin, dieses Ziel zu erreichen.

Beim energetischen Fokus handelt es sich um die Energie, die aus unserem Inneren kommt, die Energie, die uns vorantreibt, die Kraft, die uns ans Ziel bringt. Da es um Emotionen geht, kommt dieser Fokus vor allem aus unserem Bauch.

Der sehende Fokus hingegen entsteht effektiv durch die Augen. Wir geben unserem Körper entsprechende Signale, um dorthin zu gelangen, wohin wir schauen. Er ist der physische Fokus und hilft uns dabei, auch dem Pferd die richtigen Signale im richtigen Moment und mit dem richtigen Gefühl mitzuteilen.

Um erfolgreich und effektiv mit Pferden zu sein, brauchen wir diese drei Arten von Fokussen: die Vision, um ein Bild von der Zukunft zu haben, die Energie, um mit dem Pferd und dessen Energie in Einklang zu kommen und die Augen, um mit dem Pferd in Harmonie zu kommunizieren.

Entwickle einen unabhängigen Sitz.

Diese Verantwortung wahrzunehmen bedeutet, alles daranzusetzen, für das Pferd ein ebenbürtiger Partner zu werden und auch dafür respektiert zu werden. Wie kann ein Pferd uns respektieren, wenn wir mental, emotional und physisch nicht in Form sind? Wenn wir auf seinem Rücken herumhopsen wie ein Mehlsack, die Beine zusammenklemmen, wenn es ein wenig flotter vorwärtsgeht, und uns an den Zügeln festhalten, damit wir nicht herunterfallen? Wir verlieren jeglichen Respekt des Pferdes, wenn wir nicht einen unabhängigen Sitz einnehmen und reiten, ohne uns an den Zügeln festzuhalten oder uns mit den Beinen festzuklemmen. Festklammern und -halten sind unsere natürlichen Reflexe – bei Gefahr biegt sich unser Körper automatisch in eine Fötushaltung. Beim Pferd lösen wir jedoch mit solchem Verhalten die Fluchtinstinkte aus und verhindern jegliche harmonische Bewegung. Der unabhängige Sitz bedeutet, in einer natürlichen Haltung auf dem Pferd zu sitzen, ihm nicht im Weg zu sein, wenn es Gangart oder Richtung ändert, und harmonisch mit all seinen Bewegungen zu fließen.

Verantwortungen des Pferdes sind:

Verhalte dich wie ein Partner und nicht wie ein Fluchttier.
Dies ist die wichtigste Verantwortung des Pferdes. Ein Pferd, das ängstlich ist und immer nur wegrennen will, ist kein sicherer Partner für den Menschen. Pferde sind aber geborene Angsthasen, es ist eben ihre Natur, vor allem zu fliehen, was ihnen gefährlich erscheint. Fliehende Pferde denken erst wieder, wenn sie sich sicher fühlen. Um mit uns in einer harmonischen und sicheren Partnerschaft zu leben, muss ein Pferd lernen, nachzudenken und Lösungen zu finden. Sobald wir ihm als Alphatier Sicherheit geben können, liegt es an ihm, seinen Beitrag zu leisten und seine Verantwortung als Partner zu übernehmen. Pferde lernen schnell und können sich gut auf Änderungen einstellen – und diese Fähigkeiten ermöglichen es uns, dem Pferd viel beizubringen und es auf seine Aufgabe als unser Partner vorzubereiten.

Ändere nicht deine Gangart.

Dazu braucht das Pferd Vertrauen und Respekt. Wenn es ängstlich ist, möchte es schneller gehen, die Gangart wechseln, um in Sicherheit zu gelangen. Wenn es uns nicht als seinen Leader akzeptiert, wird es auch kaum in der Gangart gehen, die wir ihm vorschlagen. Es wird seine eigenen Ideen und Vorstellungen davon haben. Deshalb ist das Wahrnehmen dieser Verantwortung ein sicheres Zeichen für die Qualität der Beziehung zwischen Pferd und Mensch.

Ändere nicht die Richtung.

Auch das Einhalten dieser Verantwortung ist wie bei der vorigen ein Zeichen für Vertrauen und Respekt. Das ängstliche Pferd wird sich neben der Erhöhung der Geschwindigkeit immer auch in die Richtung orientieren, die ihm am meisten Sicherheit verspricht; dies mag der Stall, die Weide oder ein anderes Pferd sein, bei dem es Schutz findet. Ein Pferd mit wenig Respekt wird sich nach seiner Bequemlichkeit richten; es geht z. B. in Richtung des Ausgangs der Arena, zieht uns in Richtung Stall oder zum nächsten Flecken mit grünem Gras. Es hat keine Motivation, dahin zu gehen, wo wir hinmöchten, weil es uns nicht als natürlichen Leader akzeptiert und somit seinen eigenen Vorstellungen folgt.

Pass auf, wo du hintrittst.

In der freien Natur achten Pferde ganz von selbst auf ihren Weg. Sie sind sehr darauf bedacht, wie und wo sie sich bewegen, um sich nicht zu verletzen. Es scheint aber oft, als vergäßen sie dies, sobald sie geritten werden. Wahrscheinlicher ist allerdings, dass sie von uns Menschen geradezu dazu erzogen werden. Unsere Verantwortung als Reiter ist es, mit Fokus zu schauen, wohin wir gehen – die Verantwortung des Pferdes ist es, zu schauen, wie wir dort hinkommen. Als Reiter dürfen wir das Pferd dabei nicht stören – doch leider gibt es viele Reiter, die mit kurzen, anstehenden Zügeln dem Pferd keine Freiheit lassen, darauf zu achten, wo es hintritt. Wir müssen dem Pferd vertrauen, dass es selbst dazu in der Lage ist, auf seine Beine aufzupassen, und es so seine Verantwortung wahrnehmen lassen. Es braucht dazu die Freiheit, sich so zu bewegen, wie es sich auch in der Natur bewegt.

Ausrüstung

Einen natürlichen PferdeMenschen erkennst du an der Ausrüstung, die er braucht – aber vor allem auch an der, die er nie gebrauchen würde. Es gibt grundsätzlich zwei Arten von Ausrüstung: natürliche Kommunikationsmittel und Folterwerkzeuge. Welche würdest du vorziehen, wenn du ein Pferd wärst? Wenn wir zusammen mit unseren Pferden einen Verkaufskatalog mit all den verschiedenen erhältlichen Arten von Gebissen durchblättern würden, bekämen sie einen Herzinfarkt.

Das menschliche Gehirn ist seit Jahrtausenden darauf spezialisiert, Dinge zu erfinden, die ihm das Leben leichter machen, es ist darauf trainiert, für alles eine mechanische Lösung zu finden. Deshalb ist es eigentlich nur logisch, dass immer bessere Gebisse, Sporen, Peitschen, Kontrollzügel und andere Werkzeuge entwickelt werden, die uns mehr Kontrolle und mehr Erfolg im Umgang mit Pferden geben sollen. Sehen wir aber die Welt mit den Augen der Pferde, ist es offensichtlich, dass wir die Sache falsch angehen. Wir können mit Pferden sehr erfolgreich sein, wenn wir die Hilfsmittel Kommunikation, Psychologie und Verständnis einsetzen und auf Angsterzeugung, Einschüchterung und all diese mechanischen Geräte verzichten.

Um mit dem Pferd zu kommunizieren, brauchen wir zu Beginn ein feines, natürliches Halfter, Seile in verschiedenen Längen und einen Stock, der als Verlängerung unseres Armes dient. Diese Ausrüstung ist einfach, aber sehr effektiv.

Das natürliche Halfter ist aus einem 6 mm dünnen Seil geknüpft. Wir bezeichnen es deshalb als »natürlich«, weil es keine Metallteile enthält und für das Pferd leicht und angenehm zu tragen ist. Dadurch, dass es so dünn ist, können wir mit dem Tier auf präzise Weise kommunizieren, denn im Gegensatz zu einem herkömmlichen Stallhalfter, das breit und schwer auf dem Kopf aufliegt, sind hier die Knoten so platziert, dass sie an bestimmten Stellen des Kopfes anliegen, an denen das Pferd sensibel ist. So lernt es, vom Druck wegzugehen, indem es dem Gefühl folgt.

Das 3,7 m-Führseil ist ein 13 mm dickes Seil, wie es auch zum Segeln oder zum Bergsteigen benutzt wird. Seine Besonderheit ist der Aufbau, denn es besteht aus einem inneren Kern und einem äußeren Mantel, und durch ein besonderes Herstellungsverfahren hat es ein bestimmtes Eigenleben – es transportiert selbst kleinste Signale vom Menschen zum Pferd und fühlt sich in der Hand geradezu lebendig an. Deshalb eignet es sich hervorragend dazu, mit dem Pferd am Boden zu kommunizieren. Dieses Seil ist zudem länger als normale Führseile, weil sich seine Funktion nicht nur auf das Führen von A nach B beschränkt, sondern dem Menschen dazu dient, mit dem Pferd die Dominanzspiele zu spielen – und dazu ist eine gewisse Distanz zwischen Pferd und Mensch erforderlich, damit das Pferd sich bewegen kann. Sollte es nervös und ängstlich sein, hat es dank der Länge des Seils genügend Raum, um seine Füße zu bewegen und sich zu beruhigen.

Der Karottenstecken ist ein Fiberglasstab von 1,2 m Länge, mit einem komfortablen Gummigriff und einer Lederlasche, an der sich ein Savvy String oder eine Plastiktüte befestigen lässt. Er dient als Verlängerung des

Armes, dazu, unseren persönlichen Raum zu vergrößern. In allen traditionellen Berufen, in denen es um die Arbeit mit Tieren geht, kennen wir diese Art von Stecken. Sei es der Hirte, der ihn nutzt, um seine Schafe zu kontrollieren oder der Mahout, der ihn einsetzt, um den Elefanten zu lenken – alle benutzen sie einen Stecken zur Verlängerung ihres Armes. Der Karottenstecken ist keine Peitsche, mit der das Pferd angetrieben wird, sondern er hat seinen Namen, um zu betonen, dass er nicht zur Bestrafung benutzt wird, sondern als Kommunikationsmittel dient. Wir können dem Pferd damit Signale übermitteln, es schieben und drücken und auch beim Reiten lenken.

Der Savvy String ist ein dünnes Seil von 1,8 m Länge, das aus demselben Material gefertigt ist wie das natürliche Halfter. Der Savvy String hat unzählige Anwendungsmöglichkeiten, die häufigste ist die in Verbindung mit dem Karottenstecken, um mit dem Pferd auf größere Distanz zu kommunizieren. Er kommt auch beim Reiten zum Einsatz und kann als Zügel verwendet werden. Einen oder zwei dieser Savvy Strings bei sich zu tragen, kann immer sehr nützlich sein.

Die natürliche Hackamore ist eine Kombination aus dem natürlichen Halfter und einem 7 m langen Seil, das auch Mecate genannt wird. Die Hackamore ist ein effektives Hilfsmittel zur Kontrolle und wird während der Grundausbildung von Pferd und Reiter eingesetzt. Das Pferd mit der Hackamore zu reiten, ist eine freundliche und schonende Weise, mit ihm zu kommunizieren. Sie wird mit nur einem Zügel verwendet. Erst wenn es keine Kontrollschwierigkeiten mehr gibt, d. h. eigentlich keine Zügel mehr benötigt werden, um das Pferd zu kontrollieren, wechseln wir zu einem Gebiss, mit dem wir die Kommunikation beim Reiten verfeinern können.

PFERDE & MENSCHEN
Fluchttiere und Raubtiere

Die Herausforderung in der Beziehung von Mensch und Pferd ist die Gegensätzlichkeit ihrer Instinkte. Als Raubtiere kämpfen Menschen zu ihrer Verteidigung. Unsere vorprogrammierten Überlebensmechanismen sind also das genaue Gegenteil zu denen des Pferdes. Instinktiv verhalten wir uns in Krisen- und Notsituationen auf eine Weise, die bei Pferden den Fluchtinstinkt auslöst.

Bezogen auf ihre Größe sind Pferde die schnellsten Tiere der Erde. Vor Gefahr zu flüchten, ist ihre beste Überlebensstrategie, und so sind ihr Körperbau und ihr ganzes Wesen darauf ausgerichtet. Pferde sind mit drei primären Instinkten ausgestattet: **wachsam sein,** nach Raubtieren Ausschau halten und Veränderungen in der gewohnten Umgebung sofort wahrnehmen; **bei Gefahr sofort flüchten,** ohne nachzudenken; **Sicherheit in der Herde suchen.** Fohlen sind außerordentlich frühreif. Bereits wenige Stunden nach ihrer Geburt können sie hinter ihrer Mutter hergaloppieren, und sie wissen, wie sie sich verhalten müssen, um in freier Wildbahn zu überleben. Aufgrund ihres enorm guten Erinnerungsvermögens wissen Pferde selbst nach Jahren noch, wo es gefährlich ist und wo nicht.

Um mit ihnen auf natürliche Weise eine partnerschaftliche Beziehung aufbauen zu können, müssen wir lernen, unsere Raubtierinstinkte zu kontrollieren und anders einzusetzen. Auch dem Pferd können wir beibringen, seine angeborenen Instinkte uns gegenüber in partnerschaftliches Verhalten umzuwandeln. Wir können zum Beispiel seine Aufmerksamkeit in Bezug auf Gefahr in eine Aufmerksamkeit in Bezug auf Kommunikation mit uns, seinen unkontrollierten Fluchtinstinkt in kontrollierte, harmonische Vorwärtsenergie und seine Herdenverbundenheit in eine Partnerschaft mit uns umwandeln. Dazu müssen wir aber bereit sein, unsere Aggressivität, unsere Bereitschaft zum Kampf und andere Instinkte des Jägers und Raubtieres abzulegen und uns für Kommunikation und Partnerschaft zu öffnen. Dann werden wir feststellen, dass Freundschaften und Partnerschaften auf menschlicher Ebene ebenfalls andere Qualitäten erhalten und wir eine neue, nie geahnte Intensität von Verständigung und Verständnis erreichen.

Linke und rechte Gehirnhälfte

Die linke Gehirnhälfte des Pferdes ist der Sitz von Intelligenz, Wissen und Überlegung. In der rechten Gehirnhälfte befinden sich die Instinkte und Reaktionen. Dabei handelt es sich nur um ein Modell zum besseren Verständnis der verschiedenen Reaktionen des Pferdes, doch dieses Modell ist für uns sehr hilfreich, um die Verhaltensweisen der Pferde besser einordnen und verstehen zu können.

In der linken Gehirnhälfte findet rationelles Denken statt. Natürlicherweise verbringt das Pferd sein Leben meist »in der linken Gehirnhälfte« und fühlt sich dort wohl. Wir erkennen dies vor allem an der Körpersprache des Pferdes: Das Tier ist entspannt, der Kopf ist tief, die Augen sind ruhig, die Ohren in gelassener Haltung, das Pferd ruht mit eingeknicktem Hinterbein oder bewegt sich rhythmisch und harmonisch, es lässt sich leicht lenken und bleibt in einer ruhigen Gangart, und es läuft nicht weg, sondern hält an, wenn wir es dazu auffordern. Ein Pferd, das aus der linken Gehirnhälfte heraus handelt, verhält sich partnerschaftlich und kooperativ. Dies ist das Pferd, wie wir es uns vorstellen: Es hat Vertrauen und Respekt, und es kommt all unseren Aufforderungen mit Gelassenheit und Verständnis nach. In dieser Verfassung ist es bereit, neue Dinge zu lernen. Es kann seine natürliche Lernfähigkeit einsetzen, um neue Aufgaben und Verhaltensweisen aufzunehmen.

In der rechten Gehirnhälfte sitzen die Fluchtinstinkte. Das Pferd denkt in dieser Verfassung nicht mehr nach, sondern reagiert so, wie die Natur es für Gefahrensituationen vorgesehen hat. Es flieht. Ist die Gefahr vorüber, wechselt es wieder in seine linke Gehirnhälfte und kehrt zu seinem normalen Tagesablauf zurück. Einige Signale, an denen wir ein Pferd »in der rechten Gehirnhälfte« erkennen können, sind diese: angespannte Körperhaltung, Nervosität, hoher Kopf, aufgerissene Augen, angespannte Ohren, die sich in alle Richtungen bewegen; das Pferd kann nicht stillstehen, seine Bewegungen sind schnell und abrupt, seine Muskeln sind hart, sein Hals ist steif, seine Gangarten sind unbequem und unrhythmisch, es läuft immer schneller, und ohne angezogenen Zügel fängt es an zu rennen, und dann ist es nur schwer anzuhalten und schwitzt am ganzen Körper. In diesem Zustand ist das Pferd nur um sein Überleben besorgt und kann nicht denken, denn sein Gehirn läuft in einem instinktiven Notprogramm.

Unser Bemühen in der Partnerschaft zum Pferd ist es, zu erkennen, ob es aus der linken Gehirnhälfte antwortet oder aus der rechten heraus reagiert. Wir wollen dem Pferd zeigen, dass es seine Intelligenz gebrauchen kann und nicht auf seine Instinkte angewiesen ist, um sich in unserer Gegenwart zu entspannen und alle ihm gestellten Aufgaben mit Gelassenheit zu meistern. Ein natürlicher PferdeMensch versucht zu verhindern, dass das Pferd aus Angst und Unsicherheit in sein instinktives Verhalten zurückfällt. Wenn es trotzdem in die rechte Gehirnhälfte wechselt, kennt er Möglichkeiten, um das Pferd in die linke Gehirnhälfte zurückzubringen, damit es wieder anfängt zu denken und sich partnerschaftlich zu verhalten.

Extrovertierte und introvertierte Pferde

Wir alle kennen Pferde, die ständig in Bewegung sind, mit anderen Pferden spielen wollen, laufen, bocken. Sie sind neugierig und immer zu einem Streich aufgelegt, ihre Reaktionen sind schnell, sie können sich wie geübte Athleten in alle Richtungen bewegen und finden immer etwas zu tun. Dies sind extrovertierte Pferde, die gern ihren Gefühlen und Bedürfnissen freien Lauf lassen und alles ausleben.

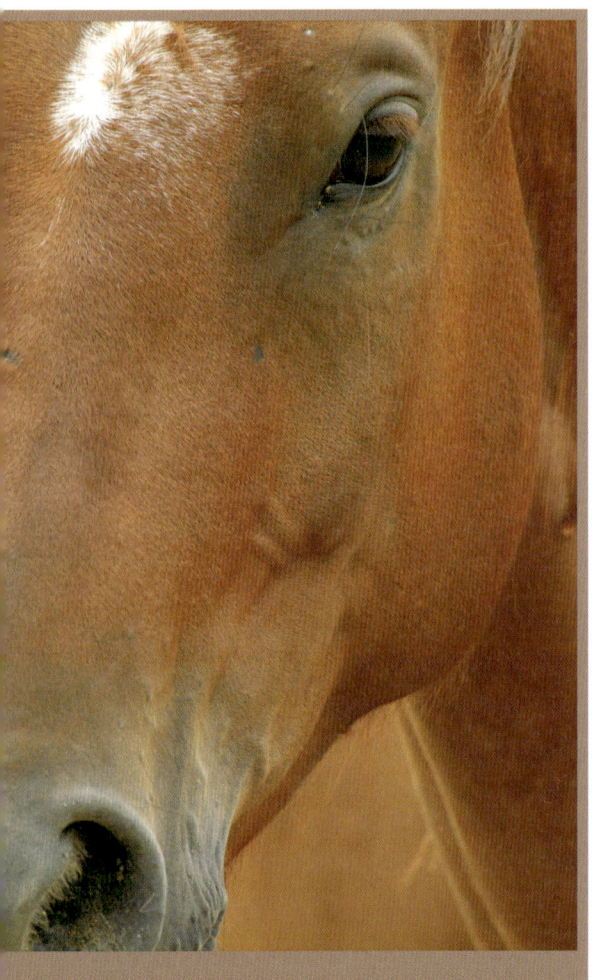

Sie zeigen nach außen, wie es in ihrem Inneren aussieht, auf positive wie auf negative Weise. Ein positiv extrovertiertes Pferd ist interessiert und aufmerksam. Es agiert aus der linken Gehirnhälfte. Um es bei Laune zu halten, muss der Pferde-Mensch im gleichen Tempo folgen, interessant, schnell und provokativ sein, um die Aufmerksamkeit des Pferdes an sich zu binden. Ist der PferdeMensch langsam und träge, wird sich das Pferd bald nach etwas anderem, interessanterem umsehen oder anfangen, sich aus Langeweile unerwünschtes Verhalten auszudenken. Extrovertierte Pferde haben viel »Esprit« und Energie. Ein negativ extrovertiertes Pferd ist dabei sensibel, ängstlich und schnell, immer zum Weglaufen bereit. Es agiert vor allem aus der rechten, instinktiven Gehirnhälfte heraus. Es erschrickt vor jeder kleinsten Sache, die es nicht einordnen kann, und zeigt dabei schnelle, übertriebene und unvorhersehbare Reaktionen. Häufig nennen wir diese Pferde »verrückt und gefährlich«. Sie brauchen jedoch nur einen guten Leader mit Erfahrung, der ihnen die nötige Sicherheit geben kann.

Introvertierte Pferde hingegen zeigen ihre Gefühle kaum; sie kehren sie nach innen. Sie scheinen ruhig und gelassen zu sein, doch oftmals trügt der Schein, denn sie kehren eben auch ihre Ängste und Unsicherheiten nach innen. Es ist schwer zu erkennen, was sie wirklich fühlen. Bei negativ introvertierten Pferden, die vor allem aus der rechten Gehirnhälfte heraus handeln, kommt es häufig vor, dass diese scheinbar ruhigen Tiere plötzlich explodieren – meist dann, wenn der Druck in ihrem Inneren so groß geworden ist, dass er einfach nach außen muss. Dabei passieren oft Unfälle, weil wir die Reaktion nicht haben kommen sehen, weil wir regelrecht überrascht worden sind. Introvertierte Pferde können auch aus der linken Gehirnhälfte heraus handeln, sie sind dann ausgeglichen, aber träge, häufig unmotiviert, stehen gern einfach herum und bewegen sich wenig. Um mit ihnen eine gute Zeit zu verbringen, müssen wir Möglichkeiten finden, sie zu stimulieren und zu motivieren. Das geht nicht schnell, denn diese Pferde müssen einen triftigen Grund erhalten, um zu verstehen, warum sie sich bewegen sollen. Introvertierten Pferden müssen wir Geduld entgegenbringen und ihnen viel Zeit geben.

Es geht hier nicht darum, Pferde in eine Schublade zu stecken oder sie anderweitig zu klassifizieren, sondern ihre Individualität zu erkennen und unser Handeln dementsprechend anzupassen. Grundsätzlich gilt: Je extrovertierter das Pferd ist, desto schneller müssen unsere Handlungen sein; je introvertierter, desto mehr Zeit braucht das Tier. Pferde, die aus der linken Gehirnhälfte heraus funktionieren, brauchen Spiel und Motivation; Pferde, die aus der rechten Gehirnhälfte heraus reagieren, brauchen Sicherheit und Führung durch einen guten Leader. Ein natürlicher PferdeMensch mit Erfahrung und Savvy kann sich in wenigen Augenblicken auf das Pferd einstellen und das richtige Verhaltensmuster anwenden. Es geht darum, dass sich die extreme Tendenz im Verhalten des Pferdes nicht verstärkt, sondern mehr und mehr zentriert und ausgeglichen wird.

Struktur der Pferdepersönlichkeit

Die Persönlichkeit eines Pferdes wird von vier verschiedenen Aspekten beeinflusst: dem angeborenen Charakter, dem Temperament oder »Spirit«, der Umgebung und den Dingen, die das Pferd vom Menschen lernt. Charakter und Temperament sind ihm angeboren und werden vom Menschen wenig beeinflusst. Die Umgebung hingegen, in der das Pferd aufwächst und später lebt, und das, was es lernt, wird weitgehend von uns bestimmt. Die Mischung aus allen vier Aspekten trägt zur Pferdepersönlichkeit bei.

Der Charakter eines Pferdes resultiert aus der Rasse und der direkten Abstammung. Jede Pferderasse hat ihre besonderen Eigenschaften, eine ist bekannt für ihre Gutmütigkeit, eine andere für ihre Ausdauer und wieder eine andere für ihre Schnelligkeit. Zusätzlich dazu finden wir die Charaktereigenschaften der Eltern und weiteren direkten Vorfahren häufig auch im jungen Pferd wieder, denn Mut, Stärke, Dominanz, Neugierde, Sensibilität oder Ängstlichkeit werden häufig an die Nachkommen weitergegeben und somit auch Teil von deren Charakter.

Das Temperament ist ein Ausdruck angeborener Lebensenergie und in jeder Bewegung und Handlung sichtbar. Je mehr Temperament ein Pferd hat, umso lebhafter und ausdrucksstärker sind seine Aktionen, positive wie negative. Pferde mit viel Temperament haben etwas Besonderes, ihre Augen strahlen einen speziellen Glanz aus, und ihre Bewegungen sind voller Energie und Anmut. Meistens sind diese Pferde nicht einfach, zwar wunderschön anzuschauen, aber eine Herausforderung im Umgang, denn alles, was sie tun, geschieht mit viel Energie und Schwung, ist oft übertrieben und nicht einfach zu kontrollieren. Eine der größten und schönsten Herausforderungen für einen natürlichen PferdeMenschen ist es, diesen Geist des Pferdes niemals zu brechen, sondern die Energie umzuleiten und zu nutzen.

Die Umgebung, in der ein Fohlen aufwächst und dann als erwachsenes Pferd lebt, hat einen starken Einfluss auf die Persönlichkeit des Tieres. Angenommen, ein Fohlen lebt in einem Paddock, hat von Anfang an nur seine Mutter als Bezugswesen, wächst ohne andere Pferde auf und hat niemanden zum Spielen. Angenommen, ein anderes Fohlen lebt auf einer Weide, tollt mit Spielkameraden draußen in der Natur umher, macht Bekanntschaft mit allen möglichen »gefährlichen« Situationen, wie z. B. mit einem kleinen Bach oder See, mit Gräben und Hügeln, und wird noch dazu von der Herde beschützt und von allen Onkeln und Tanten erzogen. Basierend auf diesen Erfahrungen werden die beiden Fohlen eine komplett andere Persönlichkeit entwickeln.

Die Dinge, die das Pferd vom Menschen lernt, bilden den vierten wichtigen Teil der Persönlichkeitsentfaltung. Ein Sprichwort unter PferdeMenschen lautet:»Es gibt viele Dinge, die ein Pferd wissen sollte, aber auch viele Dinge, die es nicht wissen sollte.« Vor allem junge Pferde brauchen erfahrene Menschen, die ihnen »das Richtige« beibringen, das, was sie wirklich wissen sollten. Häufig zählt nicht so sehr, was Menschen mit einem Pferd tun, sondern das, was sie unterlassen. Schon kleine Fohlen sind sehr lernfähig, sie können bereits wie erwachsene Pferde Verhaltensweisen erlernen und Gewohnheiten entwickeln. Im Leben eines Pferdes tragen jede Minute und jede Situation, die es mit Menschen erlebt, zur Formung seiner Persönlichkeit bei.

Wie lernen Pferde?

Pferde sind, genau wie wir Menschen auch, ausgesprochene Gewohnheitstiere. Sie leben und verhalten sich so, wie sie durch ihre Umgebung und den Menschen geprägt wurden. Dabei unterscheiden sie nicht zwischen positivem und negativem Verhalten, sondern gehen davon aus, dass ihr Verhalten »richtig« war, wenn sie dafür mehrmals belohnt wurden. So kann es leicht geschehen, dass Pferde im Umgang mit unerfahrenen Menschen ungewollte Angewohnheiten lernen. Wird das ungewollte Verhalten des Pferdes immer wieder verstärkt, kann es dabei leicht zu Problemen und Missverständnissen kommen.

Wir wissen, dass Pferde schnell lernen. Als Fluchttiere sind sie frühreif, haben eine schnelle Auffassungsgabe und wie kaum eine andere Tierart die Fähigkeit, sich in kürzester Zeit an neue Lebensbedingungen zu gewöhnen. Mutterstuten sind immer bemüht, ihrem Fohlen alles beizubringen, was es braucht, um so rasch wie möglich selbstständig zu werden. Das Fohlen lernt durch Mimik; es folgt der Mama auf Schritt und Tritt, sieht bei allem genau zu und imitiert dabei selbst ihren Gang. Erwachsene Pferde schauen, wie sich andere Pferde verhalten. Nicht selten übernehmen sie so auch schlechte Gewohnheiten von ihrem Stallnachbarn.

Pferde lernen aber auch durch Versuche, durch Irrtum und Wiederholung. Der Schlüssel dabei liegt in der Belohnung: Wenn ein Pferd auf eine bestimmte Handlung hin eine Belohnung erhält, wird es versuchen, diese Handlung oft zu wiederholen. Belohnungen sind Futter, einfacher Komfort (eine Pause) und andere angenehme Dinge. Lernen durch Belohnung funktioniert im positiven wie auch im negativen Sinn gleichermaßen gut, für das Pferd macht es keinen Unterschied. Zum Beispiel kann ein Pferd beim Verladen mit Futter belohnt werden, wenn es ruhig im Inneren des Hängers stehen bleibt. Auf diese Weise wird sein positives Verhalten verankert. Andererseits können wir auch dreimal am Ausgang des Reitplatzes anhalten, um mit jemandem zu schwatzen. Bei der nächsten Runde wird das Pferd von selbst am Ausgang anhalten, weil es ja zuvor für dieses Verhalten Komfort bekommen hat – unbeabsichtigt haben wir ihm so eine unerwünschte Angewohnheit beigebracht.

Damit Pferde in unserer Gesellschaft sichere und zuverlässige Partner werden, müssen wir sie trainieren. Dies geschieht durch »konditionierte Antworten«. Wenn ein Pferd auf einen bestimmten Reiz zwei- bis dreimal mit derselben Antwort reagiert, ist diese Antwort »konditioniert«. Das heißt, wenn wir wieder denselben Reiz einsetzen, wird es voraussichtlich auf dieselbe Weise antworten wie zuvor. Konditionierte Antworten, anhaltende Verhaltensweisen, erhalten wir durch positive oder negative Verstärkung.

Positive und negative Verstärkung

Positive und negative Verstärkung haben nichts mit Belohnung und Bestrafung gemein. Bestrafung ist ein Raubtierkonzept und löst bei Pferden nur Angst und Verunsicherung aus. Im Natural Horse-Man-Ship gibt es deshalb keine Bestrafung. Positive Verstärkung bedeutet vielmehr, dass wir warten, bis uns das Pferd die gewünschte Antwort gibt, und belohnen es dann dafür – sofort, nicht erst später. Negative Verstärkung bedeutet, dass wir einen Reiz kreieren, bis uns das Pferd die gewünschte Antwort gibt. Sobald dies der Fall ist, entfernen wir diesen Reiz und geben dem Pferd somit Komfort. Das Konzept von Komfort und Diskomfort, von Bequemlichkeit und Unbequemlichkeit, hat auch nichts mit Bestrafung zu tun, denn im Gegensatz zu Diskomfort geschieht Bestrafung nach der Handlung, meist sogar erst viel später, und ist mit starken Emotionen verbunden.

Ein Beispiel für positive Verstärkung:
Wir möchten dem Pferd beibringen, dass es zu uns kommt, wenn wir am Weidetor erscheinen. Zunächst stellen wir uns ans Tor und warten. Wenn das Pferd dann zu uns kommt, geben wir ihm sofort eine Belohnung, zum Beispiel eine Karotte oder etwas Futter, und streicheln es ausgiebig, um seine von uns gewünschte Handlung positiv zu verstärken und in seinem Gedächtnis zu verankern. Vielleicht setzen wir auch einen bestimmten Pfeifton ein, um unser Erscheinen und die zu erwartende Belohnung anzukündigen. Wiederholen wir dieses Ritual eine Woche lang jeden Tag auf die gleiche Weise, werden wir bald nur noch am Weidetor pfeifen müssen, und das Pferd wird sofort zu uns kommen. Ab und zu lassen wir die Belohnung dann allerdings ausfallen. Schon bald wird das Kommen zu einer Angewohnheit des Pferdes werden, sodass gar keine Belohnung mehr nötig ist.

Negative Verstärkung ist schnell, effizient und entspricht der Natur des Pferdes. Wir motivieren das Pferd durch einen Diskomfort, z. B. durch eine physische oder psychische Unannehmlichkeit, und veranlassen es damit dazu, eine Lösung zu suchen. Sobald es diese gefunden hat, geben wir ihm augenblicklich den ursprünglichen Komfort zurück und verstärken sein Verhalten durch Streicheln und Loben.

Zwei Beispiele für negative Verstärkung:
Wir möchten dem Pferd beibringen, rückwärts zu gehen und können dabei einen physischen Reiz einsetzen. Dazu bewegen wir das Führseil mit rhythmischem Druck hin und her, bis das Pferd einen Schritt rückwärts geht, um diesem physischen Druck, dem Unbehagen, das ihm das Seil bereitet, auszuweichen. Sofort unterbrechen wir die rhythmische Bewegung und streicheln das Pferd zur Belohnung. Es lernt: »Je schneller ich rückwärts gehe, desto schneller werde ich dafür belohnt.« Bald ist es möglich, das Pferd nur durch einen Fingerzeig einige Schritte rückwärts zu schicken.

Psychischen Diskomfort können wir beispielsweise einsetzen, wenn wir einem Pferd beibringen möchten, uns anzuschauen und zu uns zu kommen, statt wegzulaufen. Dazu arbeiten wir in einem Round Pen und senden das Pferd zuerst von uns weg, stoßen es somit praktisch aus unserer Herde aus. Dies ist psychisch unangenehm, denn das Pferd möchte als Herdentier ja nicht alleine sein. Sobald es den Kopf dann zu uns dreht und uns anschaut oder zu uns kommt, nehmen wir allen Druck weg, geben ihm Komfort und belohnen es durch streicheln. Somit lernt das Pferd, dass es angenehmer ist, bei uns zu sein, als von uns wegzulaufen.

Pferde kommunizieren auch untereinander auf diese Weise, sie verstärken Verhaltensregeln durch Diskomfort. Anfangs kann Diskomfort auch in Form von Bissen oder Tritten angewandt werden, später genügen meist böse Blicke oder zurückgelegte Ohren, um das andere Pferd in die gewünschte Richtung zu bewegen.

Es ist von grundlegender Wichtigkeit, negative Verstärkung nicht mit Bestrafung zu verwechseln. Diskomfort darf vom Menschen aus nicht aggressiv oder schmerzhaft für das Pferd sein.

> **Der PferdeMensch verhält sich lediglich bestimmt.**

124

Natürliche Dominanz – bestimmt oder aggressiv?

Wie verhalten sich Pferde in der Herde, um Unstimmigkeiten auszufechten und Dominanz zu sichern? Im Gegensatz zu Raubtieren kennen Pferde keine Aggressivität. Als Fluchttiere haben sie eine andere Methode, die Hierarchie in der Herde zu manifestieren: die Bestimmtheit. Bestimmtheit ist frei von negativen Emotionen, sie ist neutral, natürlich. Bestimmt zu sein heißt, zu wissen, was zu tun ist, um seine Position als Leader zu bestätigen. Aggressivität ist dazu nicht nötig.

Pferde sind aufeinander angewiesen, um in der Natur überleben zu können. Sie brauchen den Beitrag jedes Herdenmitgliedes. Ein Alphatier ist dominant, aber gerecht. Leitstute und Leithengst sorgen dafür, dass alle Pferde in der Herdenhierarchie ihren Platz finden und so sicher sind. Ein dominantes Pferd, das ein anderes Pferd zurechtweist, handelt in Sekundenschnelle, und einen Moment später ist die Rangordnung schon wieder hergestellt, beide Pferde fressen gemütlich nebeneinander. Schließlich handelte es sich ja nur um eine »kleine geschäftliche Angelegenheit«.

Wenn wir Pferde in der Herde beobachten, können wir sehen, dass es bei ihren Dominanzspielen sehr unsanft zugeht, sie setzen dabei Zähne und Hufe ein. Im Unterschied zu den aggressiven Machtkämpfen der Raubtiere verletzen sich Pferde abgesehen von ein paar Schürfwunden und kahlen Fellstellen allerdings kaum ernsthaft. Ein unterlegenes Pferd wird auch nicht verfolgt – sobald es die Dominanz des anderen akzeptiert, hat es wieder seine Ruhe.

PferdeMenschen imitieren diese Bestimmtheit eines Alphatieres, um ihre Stellung als dominierender Partner sicherzustellen. Die schwierigste Aufgabe ist dabei die, bestimmt zu sein, ohne aggressiv zu werden. Aggressivität kommt vor allem bei Männern sehr schnell an die Oberfläche und sorgt für Angst und Einschüchterung statt für Verständigung und Akzeptanz. Leicht verhindert Aggressivität die natürliche Partnerschaft mit dem Pferd. Bei Frauen geschieht oft das Gegenteil: Sie haben Schwierigkeiten, dominant und bestimmt auf das Pferd, das sie ja sehr lieben, zuzugehen. Folglich werden sie auch nicht als Alphatier respektiert. Da das Pferd sich Sicherheit und Führung von einem natürlichen Leader wünscht, ist auch so keine Partnerschaft möglich.

Es ist alles Übungssache …

KOMMUNIKATION AM BODEN
Kontrolle durch Bewegung

Jedes Pferd ordnet sich auf natürliche Weise unter, wenn ein anderes Pferd oder ein PferdeMensch seine Bewegungen kontrollieren kann. Dann wird das sich unterordnende Pferd das andere Pferd bzw. den Menschen als sein Alphatier akzeptieren. Dies ist das Geheimnis der sogenannten Pferdeflüsterer. Ein erfahrener PferdeMensch kann diese Kontrolle in kurzer Zeit und mit wenig Handlung erlangen. Selbst schwierige Pferde ordnen sich ihm recht schnell unter. Für den Zuschauer sieht diese Veränderung im Pferd wie Magie aus, dabei ist sie nichts anderes als perfekt angewandtes Grundvokabular der natürlichen Pferdesprache.

Beobachten wir Pferde in der Natur, so erkennen wir verschiedene Bewegungsmuster. Dominante Pferde scheuchen andere Pferde vielleicht nur ein paar Schritte zur Seite, sodass sie selbst genug Platz haben, um zum Futter zu gelangen, oder sie treiben sie über eine längere Distanz mit angelegten Ohren vor sich her, um sie ganz aus ihrem Bereich zu vertreiben. Wenn zwei Pferde sich auf Dominanzspiele einlassen, versuchen sie, gegenseitig die Hinterhand oder die Schulter des anderen zu bewegen. Wer den anderen bewegt, ohne seine eigenen Füße zu bewegen, ist der Sieger des Spiels. Pferde spielen diese Spiele entweder aus Spaß – vor allem Wallache mögen sie zum Zeitvertreib – oder aus ernsthaftem Dominanzbedürfnis, wobei es heftiger zugeht. In beiden Fällen ist der Unterlegene jedoch kein Verlierer.

Als PferdeMensch wollen wir diese natürlichen Dominanz- und Verhaltensspiele in Konzepte umsetzen, die wir als Basis für unsere Kommunikation mit dem Pferd verwenden können. So lernen wir das passende Verhalten oder Spiel, mit dem wir vom Pferd als natürlicher Leader respektiert werden. Durch angewandte Dominanzkonzepte können wir erfolgreich eine natürliche Partnerschaft mit dem Pferd aufbauen.

Sieben Konzepte der natürlichen Kommunikation

In der freien Natur benutzen Pferde sieben verschiedene Konzepte der Kommunikation. Egal ob eine Stute mit ihrem Fohlen oder ein Leittier mit einem Herdenmitglied kommuniziert – alle benutzen sie dieselbe Sprache und dieselben Dominanzspiele. Diese natürlichen Konzepte sind vor allem durch Pat Parelli bekannt geworden, und seit über zehn Jahren wenden auch wir sie mit Erfolg bei der Arbeit mit Pferden und Menschen an. Die sieben Konzepte bilden die Grundlage für unsere natürliche Kommunikation. Ergebnisse zeigen sich erstaunlich schnell und sind sehr effizient.

Ein geübter PferdeMensch kann bereits anhand der Bodenarbeit das Verhalten und die Reaktionen eines Pferdes beurteilen und daraus schließen, wie das Pferd sich beim Reiten verhalten wird. Alle Konzepte der natürlichen Kommunikation haben einen nachhaltigen Einfluss auf die Psychologie des Pferdes. Durch das Anwenden der Konzepte beeinflussen und verändern wir nicht nur das Verhalten des Pferdes, wenn wir am Boden arbeiten, sondern auch, wenn wir auf seinem Rücken sitzen.

Konzept der Freundlichkeit

Bei diesem Konzept geht es darum, dem Pferd zu beweisen, dass wir freundliche Absichten haben und nicht wie ein Raubtier handeln werden. Durch rhythmisches Streicheln und Berühren am ganzen Körper, ähnlich wie eine Stute es bei ihrem Fohlen macht, wenn sie es nach der Geburt sauber leckt, zeigen wir dem Pferd, wie sehr wir es mögen und dass es keine Angst vor uns zu haben braucht. Gestreichelt wird vorwiegend mit den Händen, manchmal benutzen wir aber z.B. auch den Karottenstecken und das Führseil. (Die Berührungen sind ruhig und sanft, wir tätscheln das Pferd nicht, wie es so oft geschieht. Rhythmisches Klopfen ist zwar für uns vergleichbar mit dem Auf-die-Schulter-Klopfen«, aber für Pferde ist es eher unangenehm.) Durch das *Konzept der Freundlichkeit* kann das Pferd sich entspannen und beruhigen. Später wenden wir dieses Spiel immer wieder an, um das Pferd für sein positives Verhalten zu belohnen.

Mit dem *Konzept der Freundlichkeit* können wir Pferde auch für alles, was ihnen Angst macht, »desensibilisieren«. Diese effiziente Technik nennen wir auch »Annäherung und Rückzug«. Pferde sind sehr sensibel und aufmerksam für Bewegungen und Geräusche, denn schließlich kann sich in freier Wildbahn hinter jeder Bewegung ein sich anschleichendes Raubtier

verbergen. Wenn es nun etwas gibt, vor dem ein Pferd anfänglich Angst hat, wie z. B. vor dem Schwingen des Führseils, nehmen wir eine progressive Desensibilisierung vor, um ihm diese Angst zu nehmen. Wir schwingen das Seil in rhythmischen Bewegungen vor ihm hin und her und verstärken die Bewegung bis zu dem Grad, an dem das Tier unruhig und ängstlich wird. Sofort verringern wir dann die Schwingung des Seils, ziehen uns sozusagen zurück, und das Pferd kann sich beruhigen. Wir wiederholen denselben Reiz viele Male, nähern uns also immer wieder an, bis es keine Angst mehr zeigt und ruhig bleibt. Es gewöhnt sich so an viele verschiedene Bewegungen und Geräusche und wird gelassener, mutiger, sicherer und vertrauensvoller.

Konzept des Drucks
Dieses Konzept wird auch »Stachelschweinkonzept« genannt, weil wir dem Pferd beibringen, sich von unseren Fingerspitzen, die wir wie die Stacheln des Stachelschweins benutzen, in alle Richtungen bewegen zu lassen. Das Pferd lernt dabei, sich vom Druck wegzubewegen statt sich dagegenzulehnen. In der Natur benutzen Pferde ihre Zähne und direkten Körperkontakt, um durch das *Konzept des Drucks* die Dominanzspiele zu gewinnen und ihre Führungsposition in der Herde zu festigen. Sie haben einen instinktiven Reflex, sich gegen Druck zu wehren, vor allem, wenn er von Raubtieren erzeugt wird – es ist der sogenannte Oppositionsreflex. Er ist bei Gefahr nützlich, z. B., um sich aus einem Engpass zu befreien oder sich einer Raubkatze auf dem Rücken zu entledigen. Manchmal zieht ein angebundenes Pferd plötzlich zurück – genau dies ist der Oppositionsreflex. Das Ziel des *Konzepts des Drucks* ist es, das Pferd zu lehren, dem Druck auf partnerschaftlicher Basis nachzugeben und einem Vorschlag oder Gefühl zu folgen.

Vier Phasen sind beim *Konzept des Drucks* der Schlüssel, damit das Pferd Leichtigkeit und positive Reflexe lernt. Dazu bauen wir den Druck in unseren Fingerspitzen langsam auf; angefangen mit einer sanften Berührung des Fells (Phase 1) weiter zu leichtem Druck auf der Haut (Phase 2) bis zu einem festen Druck in den Muskel hinein (Phase 3) und, falls nötig, weil das Pferd sich immer noch nicht bewegt, drücken wir mit all unserer Kraft (Phase 4). Untereinander benutzen Pferde als Phase 4 einen schmerzhaften Biss.

Pferde lieben die Bequemlichkeit, sie mögen keine unangenehmen Reize und suchen deshalb immer nach der bestmöglichen und bequemsten

Lösung. Nehmen wir den Druck sofort weg, wenn das Pferd sich in die gewünschte Richtung bewegt, lernt es, auf leichten Druck zu antworten, statt starke Unannehmlichkeiten abzuwarten. Jedes Pferd, bei dem wir alle vier Phasen angewendet haben, wird beim nächsten Mal dem Druck schon vorher ausweichen. So wird es unseren Signalen und Vorschlägen immer leichter und schneller folgen.

Das *Konzept des Drucks* können wir am ganzen Körper des Pferdes anwenden und es dadurch in alle Richtungen bewegen. So bedeutet Druck auf die Nase »Geh rückwärts«, Druck auf die Flanken »Verschiebe die Hinterhand« und Druck auf die Schulter »Weiche mit der Vorhand aus.« Alle diese Bewegungen sind auch Vorbereitungen zum Reiten, denn dieselben Signale werden wir später auch im Sattel anwenden. Grundsätzlich gilt: Je leichter sich das Pferd am Boden in alle Richtungen bewegt, desto einfacher wird auch das Reiten sein.

Beim *Konzept des Drucks* wird das Pferd für Druck desensibilisiert – ein anderer wichtiger, damit verbundener Aspekt. Dem Pferd wird die klaustrophobe Angst genommen, damit es nicht panisch versucht, sich aus – in seinen Augen – Notsituationen zu befreien und sich dabei verletzt. Das Pferd lernt, an besonderen Körperteilen, wie den Vorder- und Hinterfüßen oder dem Genick, auf Druck positiv zu reagieren und unserem Vorschlag zu folgen. So können wir dazu beitragen, dass Pferde sich erheblich seltener verletzen.

Konzept der Steuerung

Dies ist ein besonders effektives Konzept der Dominanz. Können wir das Pferd bewegen, wohin, wie und wie weit wir wollen? »Wer bewegt wen?« ist hier die Frage. Pferde sind Meister in diesem Spiel, denn sie spielen es den ganzen Tag untereinander. Beim *Konzept der Steuerung* benutzen wir die Körpersprache, die natürliche Pferdesprache. Von kleinsten Signalen wie »Siehst du meinen bösen Blick?« bis zu ganz offensichtlichen Warnungen wie »Ich beiße dich gleich!« gibt es eine ganze Palette von Körperzeichen, die dem anderen Pferd mitteilen, dass es sich »aus dem Staub machen« soll.

Beim *Konzept der Steuerung* ist rhythmischer Druck in unterschiedlicher Stärke ausschlaggebend. Der Karottenstecken als Verlängerung unseres Arms ist dabei ein gutes Hilfsmittel. Der Druck wird auch hier in vier Phasen aufgebaut: Phase 1 kann ein böser Blick, eine angespannte Körperhaltung und ein leichtes Klopfen mit dem Karottenstecken auf den Boden sein. Wir unterstreichen nach einigen Sekunden unsere Absicht, das Pferd in eine bestimmte Richtung zu bewegen, mit mehr rhythmischem Druck (Phase 2). Beachtet uns das Pferd einfach nicht, was am Anfang ganz natürlich sein kann, wird das rhythmische Klopfen mit dem Karottenstecken immer stärker (Phase 3), bis wir zum Schluss das Pferd an seiner Brust, Schulter oder Hinterhand mit Druck berühren. Dies ist Phase 4, vergleichbar mit einem Huftritt. Dem Pferd wird signalisiert: »Du hättest dich besser schon vorher bewegt, statt meinen Tritt abzuwarten …« Genau dies wird es beim nächsten Mal auch tun!

Wie beim *Konzept des Drucks* lernt das Pferd auch beim *Konzept der Steuerung*, sich in alle Richtungen zu bewegen: vorwärts und rückwärts, nach rechts, nach links, mit der Hinterhand oder der Vorhand. Durch eine konsequente Anwendung der vier Phasen wird das Pferd auf immer leichtere Signale antworten. Bald reicht ein bestimmter Blick in Richtung eines Körperteils, und das Pferd wird diesen sofort aus der »Gefahrenzone« bewegen. »Langsam und richtig« ist hierbei besser als »schnell und falsch«. Pferde lernen am besten Schritt für Schritt und durch Wiederholungen. Dabei ist auch unser Timing ausschlaggebend. Können wir im richtigen Moment loslassen und belohnen? Wenn wir den Druck wegnehmen und mit Komfort belohnen, sobald das Pferd das Richtige tut, wird es schnell lernen. »Frage wenig, und belohne den kleinsten Versuch«, ist ein wertvoller Ratschlag, um mit Pferden schnell und effizient eine gemeinsame Sprache zu erlernen.

Steuerungslinie heißt die imaginäre Linie vom Widerrist bis zur Schulterspitze. Sie ist für uns eine wichtige Hilfe, um die richtige Position zu finden, wenn wir das *Konzept der Steuerung* anwenden. Stehen wir vor dieser Linie und üben Druck aus, bewegt sich das Pferd rückwärts; stehen wir hinter der Linie und üben Druck aus, bewegt es sich vorwärts. Wenn wir diese einfache und wirkungsvolle Tatsache beachten und das Pferd außerdem mit dem Karottenstecken lenken, können wir es dazu veranlassen, in alle gewünschten Richtungen zu gehen. Wir können es anhalten und rückwärts richten und dabei immer in derselben Position hinter der Schulter, hinter der *Steuerungslinie*, bleiben. In derselben Position sitzt auch der Reiter, (außer er reitet auf dem Hals oder der Kruppe …). Dieselben Signale, die wir jetzt am Boden gebrauchen, werden wir auch in diesem Fall später beim Reiten anwenden können.

Diese ersten Konzepte (*Freundlichkeit, Druck* und *Steuerung*) sind Basiskonzepte. Sobald wir sie gut erlernt haben, können wir uns in kurzer Zeit mit dem Pferd verständigen. Alle weiteren Konzepte der natürlichen Kommunikation bauen auf diesen dreien auf. In diesen Basiskonzepten sind alle Arten der Pferdekommunikation enthalten – eigentlich ist es so einfach …

Konzept des Jo-Jos

Dies bedeutet, dass wir das Pferd erst rückwärtsschicken und es dann wieder zu uns holen, und zwar auf gerader Linie bis ans Ende des Führseils und ohne dabei unsere Füße zu bewegen. Je besser ein Pferd rückwärtsgeht, desto besser wird es beim Reiten anhalten und von einer Gangart zur anderen wechseln. Beim *Konzept des Jo-Jos* wird dem Pferd beigebracht, auf kleinste Signale zu achten, sich rückwärts von uns zu entfernen und sich dann, auf unser Zeichen hin, wieder anzunähern. Wenn wir dabei unsere Füße nicht bewegen, zeigen wir dem Pferd unsere Dominanz, denn ein dominanteres Pferd der Herde schickt rangniedrigere Pferde erst aus seinem persönlichen Raum hinaus und lädt sie später wieder zur Annäherung zu sich ein, ganz nach seinem Ermessen.

Einige Pferde gehen leicht rückwärts, andere benötigen mehr Unannehmlichkeiten, bis sie sich dazu entschließen, ihre Füße zu bewegen. Deshalb benutzen wir auch hier die vier Phasen mit rhythmischem Druck. Zuerst bewegen wir nur unseren Zeigefinger hin und her (Phase 1), dies ist ein visuelles Signal, ein kleiner Fingerzeig für das Pferd, mit der Aufforderung, wegzugehen. Danach schütteln wir mit unserem Handgelenk das Führseil, das dadurch leicht hin- und herschwingt – eine sichtbare und spürbare Aufforderung für das Pferd (Phase 2). Nach einigen Sekunden bewegen wir dann das Seil »aus dem Ellenbogen«, was eine klare Forderung ist und dem Pferd ankündigt: »Wenn du jetzt nicht gehst, werde ich das Seil mit voller Kraft schütteln!« (Phase 3), was dann in Phase 4 folgen wird.

Sobald das Pferd einen Schritt rückwärtsgeht, ist es wichtig, dass wir sofort aufhören und es mit Komfort belohnen. Auf diese Weise lernt es, schon auf einen Fingerzeig zu achten und rückwärts zu weichen. Sollte das Pferd dabei schräg gehen, können wir auch dreimaligen rhythmischen Druck in die Gegenrichtung vornehmen.

Zum Vorwärtskommen laden wir das Pferd auch in vier unterschiedlichen Phasen ein. Die Bewegungen machen wir aber nie ruckartig, sondern immer mit Geduld. Zuerst streicheln wir das Seil rhythmisch und mit offenen Händen (Phase 1), dann beginnen wir, einige Finger zu schließen und den Rhythmus beizubehalten (Phase 2), danach schließen wir beide Hände (Phase 3), und schlussendlich blockieren wir die Ellenbogen am Körper und lehnen uns mit Gewicht ins Seil (Phase 4). Wir »hängen sozusagen im Seil«, doch es wird nicht lange dauern, bis das Pferd dem Druck folgt. Sobald es auch nur einen Millimeter vorwärts geht, öffnen wir schnell beide Hände und beginnen wieder mit Phase 1. Häufig haben Menschen nicht genug Geduld, um die Antworten des Pferdes abzuwarten. Ein altes Sprichwort unter PferdeMenschen sagt: »Bereite vor, und warte ab, es hat noch nie länger als zwei Tage gedauert. Belohne den kleinsten Versuch.« Geduld und Ruhe sind wertvoll, denn wir wollen uns am Anfang mehr Zeit lassen, damit es später schneller geht.

Das *Konzept des Jo-Jos* kann in vielen Situationen sehr nützlich sein, z. B. können wir das Pferd hinter uns auf Distanz halten oder es rückwärts wegschicken. Häufig rücken uns Pferde beim Führen viel zu nahe und halten sich in unserem persönlichen Raum auf. Das ist nicht nur unangenehm, es kann sogar zu Unfällen führen – jeder Reiter hat wahrscheinlich schon mal einen Pferdefuß auf seinem Fuß gespürt oder ist einfach von hinten überrannt worden. Das *Konzept des Jo-Jos* hilft dem Pferd auch dabei, mutiger und intelligenter zu werden. Indem es rückwärts über kleine Baumstämme oder über Hindernisse wie Fässer oder Gräben geschickt wird, lernt es, seine Füße zu koordinieren und nicht panisch zu werden, wenn seine Hinterbeine plötzlich und unerwartet mit Gegenständen in Berührung kommen.

Konzept des Kreises

Bei diesem Konzept lassen wir das Pferd im Kreis um uns herumlaufen. Es handelt sich dabei aber nicht um das bekannte Longieren auf dem Zirkel, denn beim *Konzept des Kreises* lernt das Pferd, seine Verantwortungen wahrzunehmen. Es dauert auch keine 20 Minuten, wie oft beim Longieren, erst links herum und dann rechts herum, sondern das Pferd wird für kleine Intervalle auf den Kreis geschickt und dann wieder in die Mitte geholt. Dieses Konzept hat drei klare Teile: Wegschicken, Laufenlassen und Zurückholen. Das Pferd lernt, Gangart und Richtung beizubehalten, zu schauen, wo es hintritt und sich zu verhalten wie ein Partner, anstatt wie ein Fluchttier zu reagieren.

Beim Wegschicken, dem ersten Teil des Konzepts, bleiben wir in der Mitte stehen, senden die Nase des Pferdes durch Anheben des Führseils in eine Richtung und unterstützen dies mit rhythmischem Schwingen des Karottensteckens an der Schulter des Pferdes. Dabei benutzen wir wieder vier Phasen: Seil anheben und Richtung zeigen (Phase 1), Karottenstecken mit dem anderen Arm anheben (Phase 2), den Karottenstecken schwingen (Phase 3) und dann das Pferd mit dem Karottenstecken an der Schulter berühren (Phase 4). Sobald das Pferd auf den Kreis geht, lassen wir jeglichen Druck sein und stehen mit entspannter Körperhaltung und einem zufriedenen Lächeln im Gesicht in der Mitte des Kreises.

Beim zweiten Teil, dem Laufenlassen, lernt das Pferd seine Verantwortungen. Unsere Einstellung als Mensch ist dabei: »Ich traue dem Pferd und bin bereit, es zu korrigieren, falls es nötig wird.« Sobald das Pferd auf dem Kreis läuft, stehen wir neutral in der Mitte; wir gehen oder drehen uns nicht zusammen mit dem Pferd, sondern lassen es einfach um uns herumlaufen. Nur falls das Pferd die Gangart oder die Richtung ändert, korrigieren wir es, indem wir es erst wieder hereinholen und dann wieder auf den Kreis senden. Dadurch lernt es, dass es einfacher ist, das Richtige zu tun, nämlich die Gangart und Richtung beizubehalten, anstatt wegen falschen Verhaltens korrigiert zu werden.

Sobald das Pferd einige Kreise nach unserem Wunsch gelaufen ist, kommt der dritte Teil des Konzepts. Wir holen wir es wieder zu uns in die Mitte des Kreises. Dazu verkürzen wir das Seil, bewegen die Pferdenase in Richtung Kreismitte und senden die Hinterhand mit dem Karottenstecken nach außen. Dies ist ein wichtiger Teil, denn das Pferd lernt, aus der Bewegung heraus seine Hinterhand untertreten zu lassen und anzuhalten. Für impulsive Pferde ist dies meist schwierig, weil sie lieber davonrennen … durch diese Übung werden aber auch sie später beim Reiten besser anhalten.

Konzept der Seitwärtsbewegung
Hierbei lernt das Pferd, sich seitwärts von uns zu entfernen und verliert dadurch die Tendenz, bei Druck zu fliehen. In der Natur gehen Pferde nur selten seitwärts – wenn überhaupt, dann nur ein paar Schritte und auch nur, wenn es unbedingt sein muss, z. B. um einem Huftritt oder einem Biss auszuweichen. Bringen wir dem Pferd bei, über eine längere Distanz seitwärts zu gehen, hat dies Vorteile: Erstens wird das Tier dadurch elastisch und athletisch und stärkt so auch seine körperliche Leistungsfähigkeit, denn es braucht Muskeln, die es sonst wenig benutzt. »Je besser ein Pferd rückwärts und seitwärts gehen kann, desto besser kann es auch alles andere tun«, heißt es unter PferdeMenschen. Zweitens lernt das Pferd, seine linke Gehirnhälfte zu benutzen, selbst wenn es unter Druck steht. Pferde sind klaustrophob veranlagte Tiere, und sobald ihnen der Fluchtweg (einfach geradeaus!!) versperrt wird, verwandeln sie sich rasch in ein nervöses oder hysterisches Fluchttier, das nach einem Ausweg sucht. Durch die Seitwärtsbewegung lernt es, seine Füße zu ordnen und diesen Ausweg nicht in der Flucht, sondern durch Denken (linke Gehirnhälfte) zu finden.

Zu Beginn ist es für das Pferd am einfachsten, an einem festen Zaun entlang seitwärts zu gehen, denn auf diese Weise ist der Weg nach vorne versperrt. Wir stellen uns mit dem Pferd in einem Winkel von 90° vor den Zaun und fangen an, mit dem Karottenstecken oder dem Seil rhythmischen Druck auszuüben, abwechselnd gegen Schulter und Hinterhand, bis das Pferd sich seitlich bewegt. Sobald es die ersten Schritte macht, nehmen wir jeden Druck weg und geben ihm Komfort. Danach wiederholen wir die Schritte auf der anderen Seite. Nach und nach verlängern wir dann das Seil, während wir mit dem am Karottenstecken befestigten Savvy String rhythmischen Druck ausüben. So bewegen wir das Pferd auch über längere Distanzen seitwärts am Zaun entlang. Sobald wir im *Konzept der Seitwärtsbewegung* geübter sind, können wir es auch ohne Zaun versuchen.

Konzept der Klaustrophobie

Pferde sind, wie schon erwähnt, von Natur aus klaustrophob veranlagte Tiere und begeben sich nicht freiwillig in Engpässe, aus denen sie nur schlecht fliehen könnten. Dieser Instinkt ist nach wie vor auch in domestizierten Pferden lebendig und schafft häufig Schwierigkeiten für Pferd und Mensch. Manchmal werden Pferde gezwungen, in Pferdehänger oder Startboxen zu gehen, leider auf dramatische Weise. Aufgrund ihres starken Überlebenstriebs sind Pferde zu allem bereit, um aus gefährlichen Situationen herauszukommen. Mit dem *Konzept der Klaustrophobie* können wir schwierige Situationen, wie z. B. das Hängerverladen, simulieren und die Pferde rechtzeitig und angemessen darauf vorbereiten.

In seiner einfachsten Form wird das *Konzept der Klaustrophobie* angewandt, indem das Pferd zwischen dem Menschen und einem Zaun hindurchgeht. Dabei bewegt es sich von einer Seite auf die andere, vor und zurück, mit Wiederholung, bis es ruhig im Schritt durch eine kleine Öffnung zwischen Mensch und Zaun hindurchschlüpfen kann. Jedes Mal, wenn das Pferd den Engpass durchquert hat, bewegen wir seine Hinterhand von uns weg und lassen es für einen Moment anhalten. So kann es nachdenken und sich das Hindernis anschauen. Ja, diese Übung ist so einfach, dass es kaum vorstellbar scheint, wie so etwas einem Pferd helfen sollte, seine Klaustrophobie zu überwinden … Es funktioniert aber tatsächlich!

Auf gleiche Weise können wir auch andere Hindernisse einsetzen, um das Pferd über, unter und zwischen ihnen hindurchzuschicken. Jeder Engpass, der beim Pferd Angst auslösen könnte, ist dabei nützlich, denn jede neue positive Erfahrung lässt Vertrauen und Respekt wachsen.

Alle Konzepte der natürlichen Kommunikation, in der richtigen Reihenfolge, mit dem passenden Timing und der natürlichen Einstellung angewandt, verbessern die Beziehung zwischen Mensch und Pferd auf nachhaltige Weise …

**Nichts ist unmöglich,
wenn das Pferd zu einem
Teil von uns wird!**

Herausforderungen für Mensch und Pferd

Zu Beginn ist es wichtig, diese sieben Konzepte in Ruhe und der Reihe nach zu spielen und dem Pferd eine Sache nach der anderen beizubringen. Mit der Zeit und mehr Praxis können wir diese Konzepte dann miteinander kombinieren und auf die jeweiligen Situationen anpassen. Dabei gilt: »Wiederholung ist ein guter Lehrmeister, und Abwechslung ist die Würze des Lebens.« Wiederholen wir etwas ständig, wird die Zeit mit dem Pferd eintönig und langweilig, hüpfen wir jedoch von einem Thema zum nächsten und wechseln ständig ab, wird uns die Basis fehlen. Es ist wichtig, den richtigen Ausgleich zu finden und auch die Persönlichkeit des Pferdes zu berücksichtigen. Extrovertierte Pferde spielen schnell, introvertierte dagegen langsam.

Eine gute Art, Basis und Spaß miteinander zu verbinden, ist es, Herausforderungen anzugehen. Statt immer in einer leeren, viereckigen Sandarena zu arbeiten, wird es für das Pferd wie auch für uns viel interessanter, wenn wir ab und zu rausgehen. In der Akademie AsvaNara haben wir dazu einen Spielgarten kreiert. Dieser »Spielplatz für Pferde« ist voll mit Hindernissen und Herausforderungen, und wir können uns mit unserem Pferd darin stundenlang beschäftigen, ohne dass es langweilig wird. Es gibt sowohl künstliche wie auch natürliche Hindernisse: Plastikplanen, Fässer, Baumstämme, Gräben, Hügel, ein Bachbett, einen Badesee, einen Schlammplatz, einen Pferdeanhänger … Der Kreativität sind auf diesem Spielplatz keine Grenzen gesetzt. Jedes Hindernis lässt sich auf verschiedene Weise meistern, und dabei können wir an verschiedenen Konzepten arbeiten.

Auch draußen in der Natur finden wir mit ein wenig Fantasie immer wieder neue Ideen und Herausforderungen, um mit dem Pferd etwas Sinnvolles zu tun. Statt einfach nur die Route abzureiten, können wir uns auch nach natürlichen Hindernissen am Wegrand umsehen und diese als Herausforderungen annehmen. Dies können wir vom Sattel aus tun oder auch absteigen und mit dem Pferd vom Boden aus spielen. Es ist dabei unsere Verantwortung, nur solche Hindernisse anzugehen, die eine gute Aussicht auf Erfolg versprechen. Wir wollen die Partnerschaft aufbauen und stärken, nicht mit zu hohem Einsatz spielen, um dann alles wieder zu verlieren.

Alle Aufgaben, die wir gemeinsam mit unserem Pferd angehen und meistern, verbessern unsere Qualitäten als PferdeMensch und unsere Fähigkeiten als Leader. Das Pferd wird dadurch ruhiger, mutiger, intelligent und athletisch. Ein progressiver PferdeMensch ist interessant für das Pferd, es vertraut ihm, respektiert ihn als Leader und hat Spaß an der Arbeit.

Wie lange können wir diese Spiele und Konzepte am Boden spielen? Nun, solange es uns und dem Pferd Spaß macht. Dabei ist nicht die Zeit der wichtigste Faktor, sondern die Aspekte Interesse und Harmonie. Nicht selten sind wir dabei so vertieft und mit dem Pferd verbunden, dass wir kaum merken, wie schnell die Zeit vergeht.

Ein Pferd in den Hänger verladen oder durch Wasser gehen lassen

Das Pferd in den Hänger zu verladen oder es durch Wasser gehen zu lassen, sind große Herausforderungen für die meisten Pferde und Menschen. Ihre Klaustrophobie und ihre natürlichen Instinkte der Selbstbewahrung warnen die Pferde vor der Enge eines Pferdeanhängers und der schlecht bis gar nicht abschätzbaren Tiefe von Wasser. Ihre Möglichkeit für Bewegung und Flucht ist sehr begrenzt, und deshalb ist es nur natürlich, dass Pferde nicht in diese vermeintlichen Fallen hineingehen wollen. Menschen werden in diesen Situationen oft nervös und verlieren die Geduld, und so kommen ihre aggressiven Raubtierinstinkte ans Tageslicht. Ein ängstliches Pferd und ein ungeduldiger Mensch sind eine denkbar schlechte Kombination – ein Scheitern des Vorhabens ist bereits vorprogrammiert.

Beim Verladen in den Hänger sehen wir leider immer wieder unschöne Szenen, und meistens machen die Menschen dabei dieselben Fehler: Sie sind in Eile, weil sie zu spät dran sind, sie haben also keine Zeit, und das Pferd ist nicht vorbereitet und hat deshalb Angst. Die Menschen wissen schon, dass es Schwierigkeiten geben wird, weil das Pferd nicht einfach zu verladen ist, sie haben also bereits eine vorgefasste Meinung. Sobald das Pferd nun versucht, in Richtung Anhänger zu gehen oder sogar einen Fuß auf die Rampe zu setzen, fangen die Menschen an zu drücken und zu schieben, sie lassen dem Tier keine Zeit. Ist das Pferd endlich verladen, klappen sie sofort die Rampe hoch und fahren los. Jetzt weiß das Pferd, dass es in die Falle gegangen ist. Beim nächsten Mal wird es sich nicht so einfach fangen und verladen lassen.

Ein natürlicher PferdeMensch wird nie versuchen, ein Pferd mit Gewalt und anderen Mitteln dazu zu zwingen, in einen Hänger oder durch Wasser zu gehen, sondern er wird ihm beibringen, dass seine Angst unbegründet ist und es dem Menschen vertrauen kann. Er nimmt sich die Zeit, die gebraucht wird, und bereitet das Pferd vor. Er hat Geduld, denn er weiß, dass es noch nie länger als zwei Tage gedauert hat … Er belohnt den kleinsten Versuch des Pferdes und lässt ihm Zeit zum Nachdenken. Wenn das Pferd im Hänger steht, klappt er nicht gleich die Rampe hoch, sondern er lässt das Pferd wieder aussteigen – schließlich war es ja nur ein Spiel, eine Übung.

Zur Vorbereitung gehört alles, was wir dem Pferd beibringen können, bevor wir zum Hänger gehen. Dies sind beispielsweise die sieben Konzepte der Bodenarbeit, Desensibilisierung, Hindernisse und Herausforderungen, Plastikplanen, Holzwippen, kurz: alles, was die Beziehung sowie Vertrauen und Respekt stärkt. Gehen wir dann zum Hänger, versuchen wir nicht sofort, das Pferd zu verladen, sondern lassen es zuerst von einer Seite zur anderen über die Rampe gehen. So findet das Pferd Vertrauen und macht Bekanntschaft mit diesem Gegenstand. Unserer Erfahrung nach haben viele Pferde mindestens genauso viel Angst vor der Rampe wie vor dem Hänger selbst.

Wenn es die Rampe dann kennt, ist das Pferd bereit zu lernen, in den Hänger hineinzugehen. Wenn wir es in den Hänger hineinschicken, belohnen wir jeden einzelnen Versuch mit Komfort und Streicheln. Wenn das Tier ängstlich ist, kann dies viel Geduld und Zeit in Anspruch nehmen, deshalb helfen uns hier eine ruhige Einstellung und die Gewissheit, dass es eben wirklich noch nie länger als zwei Tage gedauert hat. Für ein Pferd ist es eine große emotionale Überwindung, in etwas so Furcht einflößendes wie einen Pferdeanhänger hineinzugehen. Das Wecken der Neugierde ist der erste Schritt, diese Angst zu überwinden. Mit Annäherung und Rückzug erlauben wir dem Pferd immer wieder, rückwärts zu gehen, Mut zu sammeln und einen neuen Versuch zu starten. Bald wird es Stück für Stück weiter in den Hänger hineingehen, bis es schlussendlich mit allen vier Beinen drinsteht. In diesem Moment widerstehen wir nun aber der Versuchung, die Rampe zu schließen, denn wir sind ja nicht in Eile und wollen das Vertrauen des Pferdes nicht zerstören. Es ist ohne weiteres möglich, das Pferd langsam und über Tage hinweg an den Hänger zu gewöhnen, sodass es dabei keine Angst hat oder ein lebenslanges Trauma davonträgt.

Im Gegensatz zur herkömmlichen Art, das Pferd hineinzuführen, bleiben wir besser draußen neben der Rampe stehen und schicken das Pferd hinein. Dies hat verschiedene Gründe. Wenn wir das Pferd hineinführen, müssen wir wieder rausgehen und das Pferd allein lassen. Es kann sein, dass das Pferd dann ängstlich wird und klaustrophob reagiert, denn es ist mir zwar mit Vertrauen gefolgt, fühlt sich aber letztendlich alleingelassen. Es gibt viele Pferde, die zwar bereitwillig zusammen mit dem Menschen in den Hänger hineingehen, während der Fahrt aber unruhig werden und sich vielleicht sogar verletzen – weil sie nur physisch verladen sind, aber nicht mental und emotional, denn es war ja nicht ihre eigene Entscheidung, in den Hänger zu gehen, wenn wir sie hineingeführt haben. Ein weiterer Grund, weshalb wir nicht selbst in den Hänger hineingehen sollten, ist unsere Sicherheit. Es ist keine gute Idee, zusammen mit einem Pferd in einem Engpass zu stehen. Schon häufig haben sich Menschen beim Verladen im Hänger verletzt. Zudem können wir, wenn wir draußen bleiben, problemlos zwei Pferde verladen und die Rampe schließen, ohne fremde Hilfe in Anspruch nehmen zu müssen. Können wir außerhalb des Hängers stehen und das Pferd alleine hineinschicken, gibt uns dies die Gewissheit, dass das Pferd wirklich mental, emotional und physisch verladen ist und somit die Reise gut antreten wird. Hat ein Pferd gelernt, auf diese Weise in den Pferdeanhänger zu gehen, ist es sozusagen auf Lebenszeit verladen.

Dieselben Konzepte und Techniken funktionieren auch bestens, um dem Pferd die Angst vor Wasser zu nehmen und es darauf vorzubereiten, durch Pfützen, Bäche und Flüsse zu waten oder gar in einem See zu schwimmen.

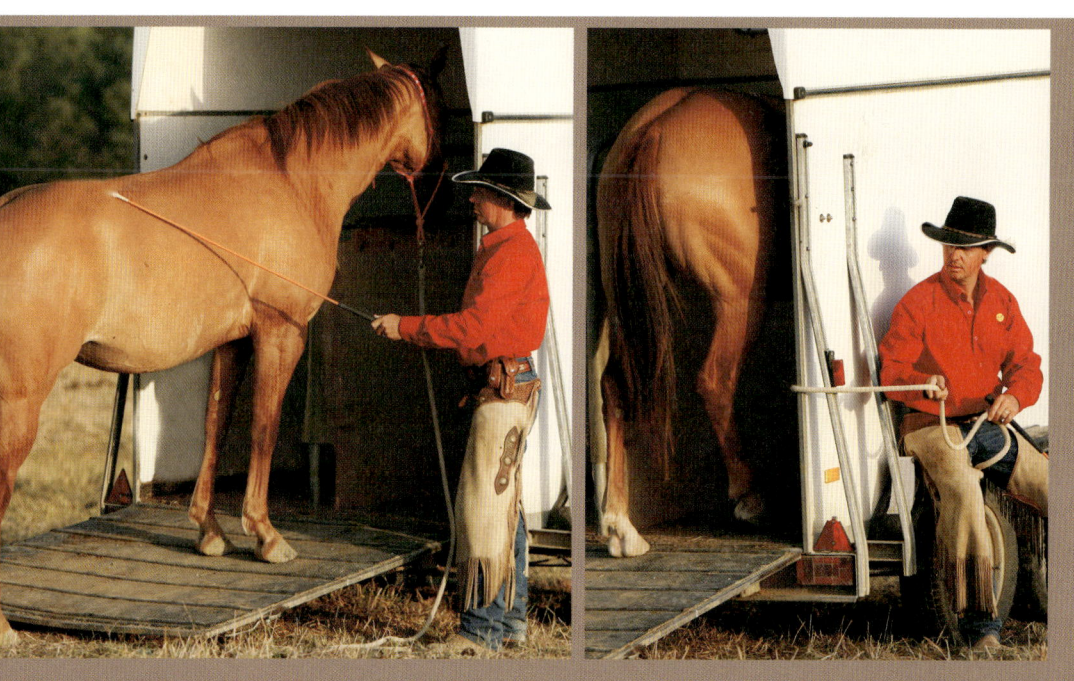

NATÜRLICHES REITEN
Vorbereitung zum Reiten

Uns allen wurde wahrscheinlich am Anfang unseres Reiterlebens erzählt, dass wir zum Losreiten das Pferd einfach in die Flanken kicken und zum Anhalten nur an den Zügeln ziehen brauchen. Das Tragische dabei ist, das dies auch meistens funktioniert, jedoch bestimmt nicht die beste Art ist, eine harmonische Beziehung zu dem Pferd aufzubauen. Pferde lernen alles, ob gut oder schlecht, harmonisch oder disharmonisch, und es erstaunt mich immer wieder, wie viel Geduld sie aufbringen und mit wie viel Gutmütigkeit sie der Inadäquatheit ihrer Reiter begegnen. Jedoch ist dies nicht bei allen Pferden der Fall, und deshalb haben dann die Menschen, die mit diesen Tieren zu tun haben, Probleme beim Reiten. Pferde sind äußerst sensible Tiere, sie spüren sogar eine auf ihrem Rücken landende Fliege – wie könnten sie dann ertragen, dass wir sie mit unstetem Sitz und harschen Signalen reiten wollen?

Reiten beginnt am Boden. Respekt und Vertrauen, Kommunikation und Verständigung können wir am einfachsten durch die Konzepte der Bodenarbeit erlangen. Dadurch bauen wir eine Partnerschaft auf, lange bevor wir uns in den Sattel schwingen und losreiten. Wir entwickeln unsere Qualitäten als PferdeMensch, wie z. B. Fokus, Gefühl und Timing, und entdecken, wie ein Pferd fühlt, denkt, agiert und spielt. Diese Qualitäten und Erkenntnisse helfen uns dabei, auch auf dem Rücken des Pferdes ein guter Leader zu sein.

»Unwissenheit ist ein Segen« – dies scheint das Motto für sehr viele Reiter zu sein. Sie wissen nicht, was sie nicht wissen, und wollen es auch gar nicht wissen. Dies wiederum führt zu Ignoranz und Arroganz und häufig auch zu einem bitteren Ende. Ein natürlicher PferdeMensch versteht Pferde, er weiß, wann der richtige Zeitpunkt ist, um aufzusteigen, oder besser, wann der richtige Zeitpunkt dazu eben noch nicht gekommen ist. Wir möchten nicht auf einem Fluchttier reiten, das nervös ist und seine rechte Gehirnhälfte braucht, sondern auf dem Rücken eines Partners sitzen, der mit Vertrauen und Respekt seine Verantwortungen wahrnimmt und mindestens so viel Spaß dabei hat wie wir. Möglicherweise ist Spaß ein guter Indikator, denn nur wenn Spaß und Freude auf beiden Seiten mit im Spiel sind, kann Har-

monie aufkommen. Wandeln sich Spaß und Freude in Unwillen, haben wir den Respekt verloren; machen sie gar der Angst Platz, dann gibt es kein Vertrauen mehr. In beiden Fällen sind wir nicht mehr mit dem Pferd in Harmonie und müssen etwas ändern. Dies kann auch bedeuten, dass wir absteigen, die Kommunikation erneut vom Boden aus aufnehmen und so die Situation klären. Dies ist bei weitem einfacher und sicherer, für uns wie für das Pferd, als im Sattel etwas durchzustehen, was vielleicht in ein Desaster ausartet und mit einem Kurzschluss endet. Häufig hören wir: »Zeige dem Pferd, wer der Boss ist – wenn du absteigst, hat es gewonnen.« Dies ist ein Mythos, es stimmt nicht, und es geht auch nicht darum, Sieger zu sein und einen Unterlegenen zu haben, sondern darum, eine harmonische Beziehung aufzubauen und eine Partnerschaft zu leben.

Grundsätzlich können wir sagen, dass kleine Probleme am Boden beim Reiten zu größeren Problemen werden. Ein Pferd, das am Boden nicht gut rückwärts geht, wird dies im Sattel noch schlechter machen. Wenn es am Boden bereits nervös und unruhig ist, wird es nicht ruhiger beim Reiten, die Nervosität wird höchstens schlimmer. Dann sitzen wir auf einer tickenden Zeitbombe.

Die Zeit, die wir mit dem Pferd am Boden verbringen, ist eine Investition in mehr Erfolg, Harmonie und Sicherheit beim Reiten.

Natürlich satteln und aufsteigen

»Fang das Pferd, sattle es, steig auf, und reite los«, ist ein weiterer Ratschlag, den wir als Reitanfänger durchaus gehört haben können. Ein natürlicher PferdeMensch macht aber auch hier genau das Gegenteil: Er bringt dem Pferd bei, zu ihm zu kommen, dann muss er es nicht einfangen, und er sattelt es auch nicht einfach und reitet los, sondern er bereitet das Pferd und sich selbst darauf vor.

Diese Vorbereitung kann wenige Minuten dauern, aber auch bis zu einer Stunde Zeit in Anspruch nehmen. Das Pferd gibt dabei den Rhythmus an. Bei einem erfahrenen Pferd, das wir gut kennen und mit dem wir rasch eine vertraute Harmonie aufbauen, brauchen wir nur wenig Zeit. Kennen wir das Pferd jedoch nicht, oder handelt es sich um ein junges, unerfahrenes oder nervöses Pferd, nehmen wir uns die Zeit, die gebraucht wird. Wir gehen dabei Schritt für Schritt vorwärts und verweilen in der jeweiligen Phase, bis das Pferd für den nächsten Schritt bereit ist.

Zuerst gehen wir mit dem jungen Pferd in einen Round Pen oder in die Arena und binden es dabei nicht an. Dies gibt uns und dem Pferd mehr Sicherheit, und das Tier hat die Möglichkeit, seine Füße zu bewegen, wenn es dies tun muss. Viele Pferde haben nie gelernt, den Sattel und den Reiter wirklich zu akzeptieren, deshalb werden sie vor dem Stall angebunden, häufig sogar mit zwei Seilen, vielleicht muss jemand sogar das Pferd festhalten, wenn der Reiter aufsteigen will. Dies wird einfach als normal angesehen, ist jedoch für einen natürlichen PferdeMenschen absolut inakzeptabel.

Zuerst schauen wir, ob es genügend desensibilisiert ist und auf Bewegungen nicht überreagiert. Dazu können wir das Führseil auf beiden Seiten des Tieres schwingen und dabei vorwärts und rückwärts gehen. Auf- und abspringen an der Seite des Pferdes hilft ihm, sich an unsere Präsenz zu gewöhnen und zuzulassen, dass wir uns zum Auf- und Absteigen an dieser Stelle rauf- und runterschwingen werden. (Bei jungen Pferden, die wir zum ersten Mal reiten, schwingen wir uns auch auf deren Rücken und legen uns der Länge nach hin, bevor wir uns auf sie setzen und ein wenig ohne Sattel reiten. Dies hilft ihnen, uns auf ihrem Rücken zu akzeptieren, noch bevor sie gesattelt werden.) Natürlich tun wir dies auf beiden Seiten, sodass auch beide Seiten des Pferdes desensibilisiert werden. Was das linke Auge gesehen und gelernt hat, muss das rechte Auge erst noch sehen, denn es erfolgt keine automatische Übertragung von links nach rechts oder umgekehrt.

Danach stellen wir den Sattel in den Round Pen bzw. die Arena und schicken das Pferd mit dem Führseil von einer Seite zur anderen, zwischen uns und dem Sattel hin und her und um den Sattel herum. Somit sieht es ihn mit beiden Augen, und wenn es bereit ist, laden wir es dazu ein, bei diesem Gegenstand anzuhalten und stillzustehen. Auf diese Weise lernt das Pferd, dass es eine gute Idee ist, beim Sattel zu stehen und dadurch Komfort zu finden. An dieser Stelle fangen wir an, die Satteldecke rhythmisch von beiden Seiten auf den Rücken des Pferdes zu schwingen. Dann platzieren wir den Sattel.

Beim Anlegen der Sattelgurte achten wir darauf, dass wir diese nicht sofort in einem Mal mit viel Druck oder ruckartigen Bewegungen festziehen, denn dies veranlasst das Pferd dazu, seinen Bauch anzuspannen, sodass beim Reiten, wenn es wieder lockerlässt, die Gurte zu lose sind und der Sattel zu rutschen anfängt. Zudem ist es eine unfreundliche und respektlose Art, mit Pferden umzugehen, und nicht selten fangen sie deshalb an, beim Satteln und Aufsteigen ebenfalls unfreundlich zu sein oder sogar zu beißen. Wenn wir jedoch die Sattelgurte in drei Intervallen nachziehen, braucht das Pferd sich nicht aufgrund des Drucks zu verteidigen oder respektlos zu werden. Dazu benutzen wir nach jedem Nachgurten die sieben Konzepte und fordern das Pferd dazu auf, sich zu bewegen, wie und wohin wir wollen. Dies bringt uns nicht nur mehr Erfolg beim Satteln, sondern hilft uns auch zu erkennen, ob das Pferd Vertrauen und Respekt zu uns als seinem Leader hat. Es ist die ideale Vorbereitung zum Reiten, und wenn uns das Pferd in dieser Phase keine positiven Antworten gibt, sondern nur Reaktionen, werden wir mehr Zeit zur besseren Verständigung und zur Klärung der Führungsrolle aufwenden. Denn wie wir wissen, werden Dinge im Sattel nicht besser, sondern verschlechtern sich, und deshalb gibt es in dieser Phase besser keine Eile. Wenn wir in das jeweilige Problem genügend Zeit investieren, werden wir auch keine Schwierigkeiten beim und nach dem Aufsteigen haben. Das Pferd wird ruhig stehen bleiben und uns mit Gelassenheit auf seinem Rücken sitzen lassen.

Es ist gut, von beiden Seiten aufs Pferd steigen zu können, denn es hilft ihm, auch seine rechte Seite zu stärken und uns von dieser ungewöhnlichen Position aus zu akzeptieren. Auch für unsere Muskeln ist es ein gutes Training. Sitzen wir dann oben, braucht es nicht gleich loszugehen, sondern wir können einen Moment lang einfach im Sattel sitzen und nichts tun. So gewöhnt das Pferd sich an, nicht einfach voreilig wegzulaufen, sondern unser Signal abzuwarten.

Natural Horse-Man-Ship beinhaltet eine Reihe von guten Angewohnheiten, sowohl fürs Pferd als auch für den Menschen. Diesen Gedanken haben wir immer präsent, in allem, was wir mit unserem Pferd tun, und seien es auch

nur banale Tätigkeiten wie das Satteln und Aufsteigen. Genau an der Art und Weise, wie jemand diese Dinge tut, erkennen wir den natürlichen PferdeMenschen. Er ist nicht einfach nur an Resultaten interessiert und will einen Job erledigen, sondern er ist offen für alles und schenkt auch jedem Detail seine volle Aufmerksamkeit. Wenn wir ein junges Pferd zum ersten Mal in seinem Leben satteln, tun wir dies, als ob es schon tausendmal gesattelt worden wäre. Und wenn wir einem Pferd den Sattel zum tausendsten Mal auf den Rücken schwingen, machen wir es auf dieselbe Art und Weise wie beim ersten Mal. Dies will nicht heißen, dass wir die ganze beschriebene Prozedur durchlaufen, sondern dass wir es dem Pferd gegenüber mit derselben Einstellung tun.

Laterale Biegung zur Kontrolle

Der augenscheinlichste Unterschied zur herkömmlichen Reiterei ist im Natural Horse-Man-Ship die *laterale Biegung*. Dabei lassen wir das Pferd zur Kontrolle seiner Energie und zum Anhalten mit der Hinterhand untertreten. Es handelt sich dabei um eine sehr einfache und effiziente Methode.

Die Kraft des Pferdes kommt aus seiner Hinterhand. Je stärker es die Hinterbeine in Aktion bringen kann, desto mehr Kraft kann es auch durch seinen ganzen Körper fließen lassen. Dies kann für positive und kraftvolle Arbeit genutzt werden, wie das Überspringen von Hindernissen, das Vornehmen schneller Richtungsänderungen, dafür, ein Rind zu fangen, beim Wettrennen Erster zu werden oder sich ganz einfach in die Riemen zu legen, um einen Wagen zu ziehen. Das Pferd nutzt diese Kraft aber auch zur Flucht. Ziehen wir in einer für das Tier brenzligen Situation an beiden Zügeln, fühlt es sich noch mehr ein-

geengt und wird beginnt, sich an den Zügeln anzulehnen und dagegen zu drücken. An zwei Zügeln zu ziehen, ist vergleichbar damit, Benzin ins Feuer zu schütten – wir geben dem Pferd nämlich noch mehr Kraft in die Hinterhand … Wer schon einmal auf einem Pferd gesessen hat, das durchgegangen ist, kann dies nur bestätigen. Deshalb wollen wir zur Kontrolle nicht an zwei Zügeln ziehen, sondern das Pferd mit einer *lateralen Biegung* seitlich biegen, bis es still steht und wieder unter Kontrolle ist. Durch die laterale Biegung wird es seine Hinterbeine seitlich untertreten und dadurch nicht mehr in der Lage sein, vorwärts zu gehen und wegzulaufen.

Natürlich wird das in einem Panikmoment nicht einfach so funktionieren – reagiert das Pferd aus seiner rechten Gehirnhälfte heraus, wird es versuchen, sich mit aller Kraft gegen eine Biegung zu wehren. Wir müssen es deshalb auf diese Situation vorbereiten, solange es noch in seiner linken Gehirnhälfte ist und lernen kann, mit einer *lateralen Biegung* anzuhalten und sich zu entspannen.

Bereits vor dem Aufsteigen können wir unser Pferd bitten, sich seitlich zu biegen. Dazu stellen wir uns mit dem Rücken zu seiner Schulter und holen mit der Hand seinen Kopf zu uns her. Sind wir im Sattel, biegen wir den Kopf langsam mit dem Zügel gegen unser Knie und halten das Pferd für einige Momente in dieser Stellung. Es soll sich dabei entspannen und seine Füße nicht bewegen. Will sich das Pferd nicht biegen lassen, oder ist es nervös und kann nicht still stehen, reißen wir nicht am Seil und benutzen Kraft, sondern wir fahren mit Gefühl am Seil auf und ab, bis das Pferd sich ein wenig biegt. Dann lassen wir wieder los.

Wir können die *laterale Biegung* nicht erzwingen, denn das Pferd weiß instinktiv, dass es sich dadurch in eine verwundbare Position begibt. Wir brauchen Annäherung und Rückzug und wiederholen die *laterale Biegung*, bis es mit Ruhe und Gelassenheit seinen Kopf und Hals seitlich zu unserem Knie biegen kann.

Biegt sich das Pferd problemlos im Stand, ohne seine Füße zu bewegen, können wir die Biegung auch aus dem Schritt erbitten und das Pferd somit zum Anhalten bringen. Dabei wird es am Anfang noch einige Schritte gehen und sich vielleicht auch im Kreis drehen. Wir wiederholen jedoch die Biegung, bis es sie als Aufforderung zum Anhalten erkennt und entspannt zum Stillstand kommt. Danach gehen wir auf gleiche Weise im Trab und später sogar im Galopp vor.

Die *laterale Biegung* ist unsere »Notbremse«, und deshalb sollten wir immer die Gewissheit haben, dass sie auch wirklich funktioniert. Bereiten wir das Pferd darauf vor und nehmen uns die Zeit, die dazu gebraucht wird, werden wir auch in Notfallsituationen immer die Kontrolle behalten.

Zügelpositionen

Kaum ein anderes Thema schafft so viel Verwirrung in der Reiterei wie die »korrekten« Zügelpositionen. Jeder hat seine bestimmte Technik, wie er Hände und Zügel halten und benutzen will, und verteidigt diese vehement als die einzig richtige. Wechselt der Reitschüler seinen Reitlehrer oder sogar die Reitweise, ist häufig alles, was er zuvor gelernt hat, nicht mehr richtig, und er muss vom neuen Reitlehrer neue Techniken erlernen.

Versuchen wir, die ganze Sache ein wenig zu vereinfachen und nicht allzu sehr ins Detail zu gehen. Es gibt drei wichtige Zügelpositionen und -funktionen. Zum einen wollen wir die Hinterhand des Pferdes kontrollieren und bewegen können, dazu benutzen wir den *indirekten Zügel*. Wir wollen das Pferd aber auch in verschiedene Richtungen lenken, dazu dient der *direkte Zügel*. Um auf engem Raum zu drehen oder Richtungswechsel durchführen, können wir mit dem *Support-Zügel* nachhelfen. Mit diesen drei verschiedenen Zügelpositionen als Basis können wir sämtliche einfacheren wie auch komplizierteren Bewegungsabläufe des Pferdes steuern. Es spielt dabei keine Rolle, ob wir in einem Englisch- oder Westernsattel sitzen, denn es geht um die natürliche Reitdynamik.

Wie im vorigen Kapitel beschrieben, dient die *laterale Biegung* dazu, das Pferd anzuhalten, und sie funktioniert, weil es dabei seine Hinterhand untertritt. Der *indirekte Zügel* hat eine ähnliche Wirkungsweise, wird jedoch nicht zum Anhalten benutzt, sondern um die Hinterhand des Pferdes zu verschieben und zu platzieren. Dies ist nützlich, wenn wir das Pferd in eine bestimmte Position

154

bringen wollen, z. B., um ein Tor öffnen zu können oder um seitwärts zu gehen. Bei Übungen für Fortgeschrittene, zu denen der Galoppwechsel oder Transitionen gehören, hat der *indirekte Zügel* auch die Funktion, die Hinterhand des Pferdes zu kontrollieren, sie in die richtige Position zu bringen und somit den Bewegungsablauf zu steuern. Besonders bei einem impulsiven Pferd mit großem Vorwärtsdrang ist der *indirekte Zügel* eine wertvolle Hilfe, um es durch die Biegung seines Körpers und die Positionierung seiner Hinterhand zu kontrollieren und seine Energie umzuleiten.

Die einfachste Art, einen *indirekten Zügel* zu benutzen, ist die, den Kopf des Pferdes lateral zu biegen und mit dem Fuß die Hinterhand wegzudrücken. Dazu positionieren wir die Hand mit dem Zügel vor unserem Bauchnabel und drehen den Oberkörper in Richtung der Hinterhand, sodass unser Fuß an der Flanke des Pferdes anliegt und einen stetigen Druck ausüben kann. Rückt das Pferd mit seiner Hinterhand einen Schritt zur Seite, nehmen wir den Druck sofort weg und geben Komfort. Wir wiederholen dieselben

Schritte auf beiden Seiten, bis das Pferd mit wenig Druck drei bis vier Schritte mit seiner Hinterhand untertreten kann. Am Anfang ist es sinnvoll, diese Bewegungsabläufe groß und übertrieben zu machen, es vereinfacht die Lernphase für uns und das Pferd. Mit der Zeit können die Bewegungen dann verfeinert werden.

Um das Pferd zu steuern und seine Richtung zu ändern, brauchen wir den *direkten Zügel* oder den *Support-Zügel*. Der Unterschied zwischen diesen zwei Zügelfunktionen ist der, dass der *direkte Zügel* auf die Innenseite des Pferdes wirkt, der *Support-Zügel* jedoch Druck von der Außenseite ausübt. Häufig werden diese beiden Zügel auch gleichzeitig verwendet – der direkte Zügel weist der Nase des Pferdes den Weg, und der *Support-Zügel* hilft von außen nach und drückt den Hals und die Schulter in die Richtung, in die die Nase geht.

Freestyle-Reiten

Freestyle-Reiten kann in allen Gangarten geschehen, mit einer Hackamore, einer Trense oder in völliger Freiheit. Durch das Fehlen des ständigen Kontaktes hat das Pferd mehr Freiheit, sein eigenes Gleichgewicht zu finden, und der Tanz zwischen Reiter und Pferd wird vergleichbar mit Rock 'n' Roll. Im Gegensatz dazu ist das Reiten mit ständigem Kontakt zum Pferdekopf, egal ob an oder im Maul – das sogenannte Reiten mit Anlehnung – vergleichbar mit Walzertanzen. Walzer zu tanzen ist manchmal schön, aber auf Dauer für beide Tanzpartner nicht auszuhalten. Und bevor wir uns ans Walzertanzen wagen, sollten wir beide erst mal Musik- und Rhythmusgefühl entwickeln …

Das Konzept des Freestyle-Reitens ist sehr einfach: Es bedeutet, zu reiten ohne ständigen Kontakt mit dem Kopf des Pferdes zu haben. Das heißt, wir

reiten mit einem durchhängenden Zügel, und nur im Falle einer Korrektur oder Richtungsänderung benutzen wir ihn zur Kontaktaufnahme. Diese Art zu reiten ist sehr entspannt und lässt dem Pferd wie auch dem Reiter die Freiheit, ihre Verantwortungen zu erfüllen und in Harmonie zu kommen.

Pferde müssen, sobald sie einen Sattel oder einen Reiter tragen, oder manchmal eher: ertragen müssen, dieses Gewicht ausbalancieren. Stell dir vor, du gehst für einige Tage in den Bergen wandern … Am ersten Tag machst du nur einen kleinen Spaziergang, die dünne Bergluft lässt dich schon ganz schön schwer atmen, aber im Großen und Ganzen fühlst du dich prächtig … Am zweiten Tag machst du eine lange Wanderung mit Rucksack, und nach einigen Stunden wiegt dieser immer mehr auf deinem Rücken, und du musst aufpassen, dass du keine Fehltritte machst. Du fängst an, das gleich auszubalancieren … Nach ein paar Tagen spürst du kaum noch, dass du einen Rucksack trägst. Dann findest du jedoch ein kleines Äffchen am Wegrand, und es fleht dich an, es mitzunehmen, weil es nicht mehr laufen kann. Du hast natürlich Mitleid mit dem kleinen Äffchen und schwingst es auf deinen Rücken, wo es gemütlich im Rucksack Platz nimmt. Zuerst ist es ganz brav und ruht sich aus, aber schon bald fängt es an, sich zu bewegen, nach links und rechts zu schauen, sich vor- und zurückzulehnen, und du hast manchmal Mühe, nicht zu stolpern, wenn es sich genau im falschen Moment bewegt. Das Äffchen ist begeistert von der tollen Aussicht, die es von deinen Schultern hat, es wird immer übermütiger und fängt sogar an, dich ab und zu an den Ohren zu ziehen, um deinen Kopf zu drehen, damit auch du all die schönen Sachen siehst. Das findest du überhaupt nicht mehr toll, und du wünschst dir, du hättest dieses Äffchen nie auf deinen Rücken gelassen. Als es dann so dreist wird, dir auch noch befehlen zu wollen, welchen Weg du gehen und wie du dich bewegen sollst, wird dir das Ganze dann wirklich zu bunt, und du versuchst, dieses Äffchen auf deinem Rücken loszuwerden. Ich kann mir gut vorstellen, dass viele Pferde genug von ihrem »Affen« haben …

Deshalb ist es so wichtig, dem Pferd die Möglichkeit zu geben, sein Gleichgewicht mit Sattel und Reiter in jeder Gangart zu halten. Dadurch lernt es auch, seine Verantwortungen wahrzunehmen, nicht eigenständig die Richtung oder die Gangart zu ändern und vor allem aufzupassen, wo es mit seinen Füßen hintritt. Am besten kann es das tun, wenn wir nicht durch ständigen Kontakt mit den Zügeln seine Bewegung und damit sein Gleichgewicht stören. Erinnern wir uns an die Verantwortungen des PferdeMenschen, mit Fokus und unabhängigem Sitz zu reiten und sich nicht mit Händen und Beinen am Pferd festzuklammern. Versuchen wir, im Gegensatz zu dem Äffchen, ein guter Passagier für unser Pferd zu werden.

Passagierreiten ist für uns wie auch für das Pferd eine wichtige und wertvolle Übung aus der »Kategorie Freestyle-Reiten«, denn sie ermöglicht beiden Partnern, ihre Verantwortungen zu erlernen, und vor allem gewöhnt sie uns ab, ständig mit den Zügeln am Pferdemaul zu ziehen.

Am besten gehen wir in einen Round Pen oder in eine kleine Arena, und am Anfang ist es auch sinnvoll, dort mit dem Pferd allein zu sein. Wir sitzen im Sattel und bitten es, loszugehen. Dabei kann es selbst bestimmen, wohin es möchte. Wir können, wenn wir mit einem Westernsattel reiten, die Zügel über das Sattelhorn legen oder sie am Sattel anbinden, damit wir nicht in Versuchung kommen, das Steuer zu übernehmen – denn wir sind jetzt nur Passagier und entscheiden nicht, wo die Reise hingeht. Nur wenn das Pferd zu schnell wird, nehmen wir die Zügel auf und erinnern es daran, dass es die Gangart nicht ohne unsere Zustimmung verändern darf.

Am Anfang wird das Passagierreiten ein seltsames und vielleicht mulmiges Gefühl in uns auslösen, denn es ist für die meisten von uns sehr ungewohnt, die Kontrolle über das Pferd aufzugeben. Man gewöhnt sich jedoch schnell an dieses Gefühl und fängt sogar an, diese neue Freiheit zu schätzen, denn sie ermöglicht einem, einen guten, unabhängigen Sitz zu entwickeln.

Auch für viele Pferde ist diese Übung sehr ungewöhnlich, denn sie wissen am Anfang gar nicht, was sie mit dieser Freiheit anfangen sollen. Sie reagieren sehr unterschiedlich, impulsive Pferde fangen, an schneller zu gehen und fallen dabei vielleicht in den Trab oder Galopp. Wir erinnern unser Pferd freundlich daran, in der gewünschten Gangart zu bleiben. Einige Pferde gehen schnurstracks zum Ausgang der Arena oder des Round Pens und wollen zurück in den Stall, andere drehen sich im Kreis oder laufen einem anderen Pferd hinterher. So haben wir bei dieser Übung auch die Möglichkeit, zu entdecken, wie das Pferd sich fühlt und welche Gedanken es hat. Was auch immer es beim Passagierreiten macht – das Ziel ist es, ihm das Erlebnis von Freiheit zu geben. Es kann wirklich selbst bestimmen, wohin es gehen will. Wir sind der Passagier, wir werden getragen, und wir versuchen, mit den Bewegungen des Pferdes in Harmonie zu kommen. Zuerst im Schritt, danach vor allem im Trab und, wenn wir fortgeschrittene Reiter sind, auch im Galopp.

Für einen guten Passagier wird es einfach sein, die Führung wieder zu übernehmen, dem Pferd die Richtung vorzuschlagen – im richtigen Moment und auf die richtige Art und Weise, mit Feeling und Timing. Das Pferd wird diese Vorschläge viel einfacher akzeptieren, weil es seine Freiheit ja bereits ausgelebt hat. Wir als Reiter haben während der Übung gesehen, welches seine primären Gedanken und Wünsche sind.

> Lasse deine Ideen und Vorstellungen
> zu denen des Pferdes werden,
> aber verstehe vorher auch die seinen.

Gemeinsames Fließen

Gemeinsames Fließen bedeutet, dass wir uns harmonisch mit dem Pferd verbinden und mit all seinen Bewegungen übereinstimmen, eins mit ihm werden. Wer einmal Pferd und Reiter in dieser Harmonie erlebt hat, wird das Bild der leichten, fließenden Bewegung nicht mehr vergessen. Wer einmal selbst mit dem Pferd »geflossen« ist, wird dieses Gefühl immer wieder an-streben – ein Gefühl der Einheit, weich und zart wie ein Traum und gleich-zeitig kräftig und voller Spannung. Gemeinsam fließen heißt, eine dynami-sche Verbindung von Pferd und Mensch zu erreichen.

Das Gegenteil davon ist, steif, blockiert, angespannt und nervös zu sein. Dabei ist es unwichtig, wer von beiden zuerst steif, blockiert, angespannt oder nervös ist. Häufig passiert es, dass ein nervöses und impulsives Pferd seine Ängste auf den Reiter überträgt; dieser wird durch die Angst des Pfer-des angespannt und steif, ruckartig in seinen Bewegungen, und so verliert er schnell die Harmonie mit den Bewegungen des Pferdes. Ein Reiter, der außer Takt auf dem Pferderücken sitzt, ist so unbequem für das Pferd, dass es automatisch noch schneller, angespannter und steifer wird … ein klas-sischer Teufelskreis. Es kommt z. B. vor, dass gute Pferde schlecht geritten und dabei immer schwerfälliger und »unbequemer« werden. Je schwerer das Pferd wird, desto mehr Druck braucht der Reiter … und wo viel Druck nötig ist, gibt es keine Hoffnung auf Harmonie. Das Pferd gibt ganz auf … wieder ein Teufelskreis.

Gemeinsam fließen bedeutet auch »fließen lassen«, »flüssig« werden, loslas-sen … Wenn wir Pferde beobachten, die sich auf der Weide bewegen, die galoppieren, in die Luft springen, sich drehen, anhalten, um gleich darauf in die andere Richtung zu rasen, dann beschleicht uns eine leise Ahnung, wie gut wir als Reiter werden müssen, um mit der Schnelligkeit, der Kraft und der Eleganz der Pferde mithalten zu können. Unser Ziel ist es, bei all diesen Bewegungen »mitzufließen«, ohne unser Pferd zu stören.

Gemeinsames Fließen kann erlernt werden – es gibt sogar nur einige wenige athletische Menschen, denen es auf Anhieb gelingt. Mit ein wenig Hingabe, Zeit, Anstrengung und Offenheit kann jeder lernen, seinen Körper »in Fluss« mit dem des Pferdes zu bringen. Der erste Schritt sind die sogenannten inneren Bilder oder Visualisierungen: Wir stellen uns genau vor, wie wir mit dem Pferd aussehen möchten, welche Art von Leichtigkeit wir anstreben. Dann beginnen wir vom Sattel aus, jede Bewegung des Pferdes mit unserem Körper zu spiegeln, erst im Schritt, bis wir Rhythmus und Harmonie spüren, und dann in allen anderen Gangarten. In unserer Vorstellung werden unsere Arme zu den Vorderbeinen des Pferdes und unsere Beine zu seinen Hinterbeinen. Vom Sattel aus bewegen wir Arme und Beine im Rhythmus mit den Pferdebeinen und imitieren so bewusst alle seine Bewegungen. Anfangs ist es richtig, zu übertreiben, egal wie lustig wir dabei aussehen. Schon nach kurzer Zeit entwickeln wir ein Gefühl für den Rhythmus des Pferdes und beginnen, mit ihm zu »laufen«.

Reiten heißt nicht nur einfach im Sattel sitzen ... Im Gegenteil, reiten ist aktiv, und je besser wir unseren Bewegungsapparat mit dem des Pferdes harmonisieren und bewegen, desto einfacher fließen wir zusammen.

Reiten mit dem Karottenstecken

Eine andere Möglichkeit, ein hervorragender Reiter zu werden, ist das Reiten mit dem Karottenstecken, denn es baut unseren unabhängigen Sitz auf und fördert unseren Fokus. Wir können dadurch lernen, das Pferd nicht nur mit den Händen, sondern mit unserem ganzen Körper zu reiten und zu kontrollieren.

Es ist unser Instinkt, uns an allem festzuklammern, was wir zu greifen bekommen können. Wer schon einmal seinen kleinen Finger in die Hand eines Neugeborenen gelegt hat, konnte feststellen, wie erstaunlich fest sich diese kleine, zarte Hand darum geschlossen und nicht mehr losgelassen hat. Dasselbe geschieht auch, wenn wir auf dem Pferd sitzen – wir klammern uns an den Zügeln fest.

Deshalb wird uns das Reiten mit dem Karottenstecken helfen, einen unabhängigen Sitz zu entwickeln und diesen Instinkt besser zu kontrollieren. Bei dieser Übung ist es zunächst unser Ziel, Richtungswechsel vorzunehmen und danach auch die Gangart zu ändern, Transitionen (Übergänge) zu machen, anzuhalten sowie rückwärts und seitwärts zu gehen. Mit anderen Worten: Alles, was wir mit Zügeln in den Händen machen können, möchten wir auch nur mit dem Karottenstecken machen können, denn dies zeigt uns, dass wir wirklich in Harmonie mit unserem Pferd sind und eine Einheit bilden.

Am Anfang halten wir noch die Zügel in einer Hand und den Karottenstecken in der anderen. Sobald wir ein wenig Übung und Sicherheit haben, lassen wir die Zügel los und legen sie auf den Sattel, sodass wir nur noch mit dem Karottenstecken in einer Hand reiten. Dies wird ein ähnlich seltsames Gefühl sein wie anfänglich beim Passagierreiten, doch man gewöhnt sich schnell daran und wird diese Freiheit genießen.

Um die Richtung zu ändern, gibt es auch hier vier verschiedene Phasen: Zuerst schauen wir mit dem Fokus, wohin wir wollen (Phase 1), danach drehen wir unseren Oberkörper leicht in diese Richtung, sodass unser Bauchnabel dem Fokus folgt (Phase 2), dann legen wir unser äußeres Bein an den Bauch des Pferdes und drücken somit die Schulter in die gewünschte Richtung (Phase 3) – und zuallerletzt, falls das Pferd sich immer noch nicht gedreht hat, benutzen wir unsere Hände (Phase 4). Dabei können wir am Anfang mit der inneren Hand den Zügel gebrauchen und mit der äußeren Hand den Karottenstecken mit rhythmischem Druck gegen den Hals des Pferdes schwingen. Bald brauchen wir dann nur noch den Karottenstecken und legen den Zügel auf den Sattel.

Um uns an diese vier Phasen zum Richtungswechsel zu erinnern, können wir sie uns in einem kleinen Vers aufsagen: Fokus, Bauchnabel, Bein, Hand. Verwenden wir diese Phasen konsequent in dieser Reihenfolge, wird das Pferd schon bald anfangen, früher zu reagieren und sich bereits drehen, wenn wir das Bein anlegen, statt abzuwarten, bis wir den Karottenstecken benutzen. Dreht das Pferd sich in die gewünschte Richtung, nehmen wir wie immer sofort den Druck weg und streicheln es zur Belohnung mit dem Karottenstecken am Hals. Zuerst üben wir dies im Schritt und danach auch im Trab. Dies ist der erste Schritt, das Pferd ohne Zügel zu reiten.

Was am Anfang wie etwas Magisches oder gar Unmögliches aussieht, wird schon bald zur alltäglichen Realität werden.

Folge dem Zaun

Für Pferde ist es meist schwierig, geradeaus oder auf einem Kreis zu gehen, denn in der Natur fliehen Fluchttiere meist im Zickzack. »Folge dem Zaun« ist eine Übung, die dem Pferd auf einfache Art und Weise hilft, mit dem Reiter auf einer Linie zu gehen. Es lernt, die Richtung nicht selbstständig zu ändern.

Diese Übung ist so einfach, dass viele Reiter sie zunächst nutzlos finden. Es scheint sich schließlich um nichts anderes als ganz normales Reiten am Zaun entlang zu handeln. Es ist aber besonderes Reiten am Zaun entlang, denn wir möchten, dass unser Pferd am losen Zügel, ohne dass wir es korrigieren müssen und ohne dass es die Richtung oder die Gangart wechselt, am Zaun entlangläuft … Und das ist schon nicht mehr ganz so einfach. Es erfordert von uns die Konsequenz, das Pferd nur im Falle eines echten Fehlers zu korrigieren und eben nicht schon von vornherein zu versuchen, den Fehler zu vermeiden. Nur wenn wir dem Tier erlauben, einen Fehler zu machen, und es daraufhin verbessern, kann es aus diesem Fehler lernen. Ansonsten wundert es sich nur, warum wir denn heute so kritisch sind.

Reiter versuchen häufig, das Pferd zu korrigieren, bevor es überhaupt etwas falsch macht. Dieses Verhalten wird auch Nörgeln genannt, und leider versteht das Pferd gar nicht, weshalb es kritisiert wird, denn es ist ja noch gar nichts passiert. Viele Männer kennen dieses Gefühl, wenn ihre Frauen an manchen Tagen häufig nörgeln. Sie verstehen auch nicht, warum, denn vielleicht haben sie »den Fehler« noch nicht begangen oder er ist in der Vergangenheit passiert. Nörgeln ist generell eine sehr destruktive Weise, mit anderen Lebewesen zu kommunizieren.

Länge und Größe des Zauns wählen wir bei dieser Übung entsprechend der Impulsivität des Pferdes aus. Haben wir ein schnelles, impulsives Pferd, gehen wir erst einmal in einen kleinen Round Pen. Mit einem ruhigen und gelassenen Pferd können wir gleich am Zaun des großen Reitplatzes entlangreiten.

Wir folgen dem Zaun in eine Richtung, zuerst im Schritt, später traben und galoppieren wir auch. Damit die Übung Erfolg bringt, ist es stets wichtig, die Richtung nicht zu wechseln und über einen längeren Zeitraum am Zaun entlangzugehen. Es kann gut sein, dass wir am Anfang sogar eine halbe Stunde in eine Richtung am Zaun entlangreiten. Unser Ziel ist es, zwei Runden ohne Korrektur zu reiten. Sobald wir dieses Ziel erreicht haben und das Pferd gelassen am Zaun entlangläuft, bitten wir es, anzuhalten. Jetzt ist es wichtig, dass wir, zusammen mit unserem Pferd, entspannt am Zaun stehen bleiben und ihm genügend Zeit geben, um Komfort zu finden. Dies ist ein guter Moment, nichts zu tun, nichts zu denken, einfach mit dem Pferd zusammen zu sein und eine Pause zu machen, denn so hat es einige Minuten Ruhe und verbindet »am Zaun entlanggehen« mit Komfort. Beim nächsten Mal wird es versuchen, seine Verantwortung noch besser wahrzunehmen und weder Richtung noch Gangart zu ändern, sondern gleich geradewegs dem Zaun zu folgen.

Fokus-Reiten

Ein starker Fokus vonseiten des Menschen ist für ein Pferd unwiderstehlich. Je besser der Fokus ist, desto einfacher ist es für das Pferd, dem Menschen zu vertrauen und ihn als seinen Leader zu akzeptieren. Seltsamerweise mangelt es vielen Reitern daran, sie schauen gar nicht, wohin sie reiten wollen, sondern starren vor sich auf den Boden. Würden wir auf dieselbe Weise Auto fahren, gäbe es noch mehr Unfälle auf unseren Straßen. Ein Auto zu steuern, ohne dabei zu schauen, wohin man überhaupt will, ist sehr

schwierig … und dasselbe gilt für das Reiten. Benutzen wir den Fokus und schauen genau auf den Punkt, zu dem wir wollen, bekommt unser Körper auf natürliche Weise im richtigen Moment die richtigen Signale. Das Pferd spürt, dass wir einen Plan haben, und deshalb kann es uns als Leader respektieren.

Eine einfache Übung, den Fokus zu entwickeln, ist das Reiten von Punkt zu Punkt. Anfangs ist der Reitplatz der beste Ort, um von einem Punkt A zu einem Punkt B zu kommen. Diese Punkte sollten sichtbar sein, wie z.B. ein markierter Zaunpfahl und ein Hindernis, sodass wir sie nicht aus den Augen verlieren. Wenn wir dann von Punkt A zu Punkt B reiten, fokussieren wir ausschließlich Punkt B und nichts anderes! Spüren wir, dass das Pferd sich von der geraden Linie zwischen A und B entfernt, korrigieren wir es, ohne unseren Punkt B aus den Augen zu lassen. Indem wir auf diese Weise immer mit dem Punkt verbunden bleiben, lernen wir, die Kraft des Fokus in jeder Situation beizubehalten. Zur Korrektur des Pferdes benutzen wir die gleichen vier Phasen wie beim Drehen: Fokus, Bauchnabel, Bein, Hand. Fokus und Bauchnabel sind ja bereits aktiv, weil wir geradeaus auf Punkt B zureiten, also werden wir noch unsere Beine und danach die Hände zur Korrektur benutzen, und die Hände helfen sich mit dem Zügel oder dem Karottenstecken. Sobald das Pferd wieder auf der geraden Linie läuft, lösen wir jeden Druck von Bein oder Hand. Auf diese Weise bemerkt es schnell den Unterschied zwischen Komfort, wenn es auf der geraden Linie geht, und Diskomfort, wenn es von dieser Linie abweicht. Sind wir bei unserem Punkt B angekommen, machen wir also eine Pause und sorgen so dafür, dass es sich in diesen Punkt »verlieben« und beim nächsten Mal noch schneller und gradliniger auf ihn zugehen wird. Danach wenden wir uns wieder dem Ausgangspunkt A zu und reiten auf dieselbe Weise in gerader Linie auf ihn zu. Dort angekommen, wiederholen wir die kleine Ruhepause, bevor wir dann erneut auf Punkt B zusteuern.

Wir reiten so lange von Punkt A zu Punkt B, bis wir feststellen, dass unser Pferd ohne Korrekturen, nur dem Fokus folgend, auf gerader Linie von A zu B läuft. Danach fügen wir einen Punkt C und einen Punkt D hinzu, um die Übung zu erweitern und interessanter zu machen. Wichtig ist, dass wir jedes Mal, wenn wir bei einem Punkt ankommen, dem Pferd Komfort geben, sodass es diesen Punkt als etwas Positives ansieht.

Klappt es gut im Schritt, können wir es auch im Trab versuchen und selbst Hindernisse auf dem Weg einbauen. Später lässt sich diese Übung auch sehr gut draußen auf dem »Spielplatz« und in der freien Natur wiederholen.

Fokus ist unwiderstehlich ... Es ist unsere Verantwortung als PferdeMensch, seine natürliche Kraft zu nutzen und dadurch dem Pferd ein guter Leader zu sein.

Ausreiten

Ausritte in die freie Natur sind mit die schönsten Erfahrungen … und sie können sehr schnell zu den schlimmsten Albträumen werden. Halten wir einige grundlegende Prinzipien ein, können Ausritte stets zu einem angenehmen Erlebnis für beide Partner werden.

Die richtige Vorbereitung ist ausschlaggebend. Meistens wird das Pferd einfach aus der Box geholt und gesattelt, dann steigt der Reiter auf, und los geht es – ohne Vorbereitung und ohne jegliche Ahnung, wie es dem Pferd am jeweiligen Tag geht. Ist es gut gelaunt, oder hat es gar keine Lust, sich zu bewegen? Ist es vertrauensvoll oder ängstlich? Respektiert es uns heute, oder hat es seine ganz eigenen Ideen? Die Antworten auf solche Fragen erhalten wir, wenn wir sie nicht schon am Boden einholen, meist erst während des Ausrittes, und dann kann es schon zu spät sein, um entsprechend zu reagieren. Ein natürlicher PferdeMensch will alle Antworten auf seine Fragen immer vor dem Aufsteigen haben.

All die Zeit, die wir in die Beziehung zu unserem Pferd investiert haben, zahlt sich jetzt aus.

168

Wir können mit unserem Pferd auf natürliche Weise vom Boden aus kommunizieren, denn durch die Konzepte der natürlichen Kommunikation haben wir eine Beziehung mit Vertrauen und Respekt aufgebaut und sind zum Alphatier für unser Pferd geworden. Wir kennen die natürlichen Reitdynamiken, und das Pferd akzeptiert uns auch auf seinem Rücken als seinen Leader. Wir erkennen den Unterschied, ob ein Pferd seine rechte Gehirnhälfte benutzt und instinktiv reagiert, oder ob es mit seiner linken Gehirnhälfte denkt und ein vertrauensvoller Partner ist.

Mit dem Pferd in Harmonie auszureiten, ist ein Resultat guter Vorbereitung. Dies bedeutet auch, dass wir schlicht und einfach nicht aufsteigen werden, solange wir am Boden keine gute Kommunikation aufbauen können, und dass wir nicht ausreiten werden, solange wir beim Reiten auf dem Platz keine Harmonie fühlen. Denn beim Ausreiten werden die Dinge eben nicht besser – sie verschlimmern sich höchstens.

Ein natürlicher PferdeMensch kümmert sich um das Wohlergehen seines Pferdes. Damit ist nicht nur das physische Wohlergehen gemeint, sondern vor allem auch das mentale und emotionale Wohlbefinden. Pferde brauchen einen natürlichen Leader, um sich in unserer modernen, technisierten und unnatürlichen Welt zurechtzufinden. Deshalb ist es unsere Aufgabe, zu erkennen, wie es sich fühlt und wie es denkt; erst dann können wir uns so verhalten, dass das Pferd in uns einen Partner findet und uns als seinen Leader akzeptiert. Haben wir durch natürliche Kommunikation eine Basis von Vertrauen und Respekt geschaffen, ist alles möglich!

Es gibt keine Grenzen, wenn das Pferd zu einem Teil von uns wird.

Der Weg dorthin geht mit persönlicher Entwicklung einher und verändert nicht nur unsere Beziehung zu Pferden, sondern auch zu unseren Mitmenschen und allen anderen Lebewesen.

TEIL III
Aus der Sicht der Pferde

Nicht weil die Dinge unerreichbar sind, wagen wir sie nicht. Weil wir sie nicht wagen, bleiben sie unerreichbar.

Seneca

Geschichten sind kraftvolle Mittel, mit denen wir uns Prinzipien und Konzepte näherbringen können – besonders dann, wenn es sich bei den Geschichten, wie es bei den folgenden der Fall ist, um wahre, persönlich erlebte Begebenheiten handelt.

WENN ES GILT, ABSCHIED ZU NEHMEN ...

Manchmal müssen wir von unseren Pferdefreunden Abschied nehmen. Die Trauer über ihr Dahinscheiden ist mit der um einen lieben Verwandten zu vergleichen, der Schmerz ist der gleiche oder sogar noch stärker. Es ist wichtig, die Trauer zu fühlen und um das verlorene Pferd zu weinen ... Ein PferdeMensch liebt die Pferde wie seine Nächsten!

Goldie

Er war wirklich ein Musterpferd, unser Goldie, bescheiden, aber auch großartig, immer zu Diensten, von klein auf bis zum letzten Atemzug, er war da für eine Mission, um zu zeigen, dass es eine bessere Welt des Zusammenlebens für Pferde und Menschen gibt.

Goldie, ein Lehrer, auch in seinem plötzlichen Tod. Eines Nachts starb er, auf der Weide, nach einer heftigen Kolik. Ganz unerwartet. So lernen wir vielleicht, die Zeit, die uns zum Zusammensein gegeben ist, besser zu schätzen.

Partnerschaft – Harmonie – Verfeinerung – Einheit ...

Danke, Goldie, dass du mich die Bedeutung dieser Worte gelehrt hast. Ich weiß, du bist in den weiten Prärien, und ich fühle deinen Frieden. Ich fühle auch, dass du mich trösten willst, ich fühle deine Nähe, ich weiß, der Tod ist nur ein Tor, ein Durchgang, eine Verwandlung ... Aber ich versichere dir, Goldie, ich hätte nie gedacht, dass es so wehtut, einen Freund zu verlieren!

Die Leere, die du hinterlässt, ist so groß, dass es ein Leichtes wäre, mich da hineinzustürzen, aufzuhören, an einen Sinn zu glauben, mich gehen

zu lassen. Der Schmerz, den dein Dahingehen verursacht, ist so groß, dass er genügen würde, um alles zu ändern und aufzuhören zu arbeiten … Wozu? Nur um festzustellen, dass ich nichts weiß, dass jeder Moment der letzte sein kann, so wie für dich? Nur um zu entdecken, dass ich trotz all meines Lernens und meiner Fortschritte nicht in der Lage war, dir zu helfen, dir nahe zu sein, in deiner letzten Stunde?

Ja, vielleicht gerade deshalb. Um zu entdecken, was in diesem Erdenleben wirklich wichtig ist, die beschränkte Zeit wirklich zu nutzen, die uns auf diesem Planeten gegeben ist. Ja, vielleicht um zu entdecken, wie jeder kleinste Moment in seiner unendlichen Kostbarkeit genossen werden will. Vielleicht um den Schmerz zu ehren, den mir dein vorzeitiges Dahinscheiden bereitet, ja, vielleicht um zu entdecken, auf welche Weise wir wirklich in Kontakt bleiben, außerhalb der physischen Form!

Goldie, die Erinnerungen an die gemeinsam verbrachten Momente sind so zahlreich, dass ich nicht den Mut habe, sie hier aufzuzählen. Du warst unser Musterpferd, für unsere natürliche Welt, für die ganze Welt. Ganz ehrlich, ich weiß nicht, wie wir ohne dich sein können. Allein der Gedanke, ohne dich zu den Pferdemessen, den Vorführungen, den Seminaren, den Kursen zu gehen, bricht mir das Herz. Ich möchte, dass du weißt, dass uns heute der Mut fehlt, allein weiterzumachen. Du warst unser bestes Pferd.

Und ich weiß auch, dass es dir nicht gefällt, dies zu hören. Darum, Goldie: Ich weiß, du hattest hier ein schönes Leben, und ich verspreche dir, wir werden weitermachen und werden weiterhin daran glauben, dass wir in irgendeiner Weise einen Beitrag leisten, um die Welt der Pferde und der Menschen zu verbessern, in deiner Begleitung und – wie Edwin sagt – **eines Tages wieder zusammen.**

Ich werde in mir graben, noch tiefer, und dank dir werde ich ein weiteres Stück des Diamanten finden, der unsere wahre Essenz ist. Danke, Goldie, danke für immer. Und:

Adieu, für jetzt.

Jamaica

Schnell ist sie, die kleine grau-schwarze Araberstute, schnell und leicht-füßig, die Trinkerin der Lüfte. Ihre Sanftheit fließt direkt aus ihrem Herzen in die großen Augen, es sind sanfte, weiche Augen. Verspielt schmust die Zweijährige mit allen Pferden der Herde und mit allen Menschen in ihrer Nähe. Sie lebt ein perfektes Leben, ihre Besitzer lassen sie in einem natürlichen Herdenverband aufwachsen, in Freiheit und mit viel Platz auf großen Weiden. Sie läuft und fliegt spielerisch jeden Tag viele Kilometer zusammen mit ihren Pferdefreunden, sie genießt das Leben und wächst, wird von Tag zu Tag schöner. Einmal im Jahr verbringt sie drei Wochen mit natürlichen PferdeMenschen, bei denen sie die Dinge lernt, die sie braucht, um in der vom Menschen geschaffenen Welt voller Straßen, Begrenzungen und privatisiertem Grund und Boden überleben zu können. Sie lernt, den Menschen zu akzeptieren und mit ihm zusammenzuleben, ihn vielleicht sogar zu lieben und eins zu werden mit ihm, erst am Boden und später im Sattel. Es sieht also für Jamaica alles nach einem langen und glücklichen Leben aus.

Eines Morgens nimmt jedoch alles ein abruptes Ende. Jamaica steht auf der Weide, ihr rechtes Hinterbein ist unterhalb des Sprunggelenks zerschmettert. Was ihr da geschehen ist, kann eigentlich gar nicht sein. Und doch ist es passiert. Niemals werden wir erfahren, wie es passiert ist. Ein anderes Pferd ohne Hufeisen ist nicht in der Lage, eine derartige Zerstörung zu verursachen. Auf der Weide gibt es keine Engpässe, die Herde lebt hier schon viele glückliche Jahre … und doch ist es geschehen, das Unbegreifliche, das, was nie geschehen durfte, das, was Jamaicas Leben viel zu früh beenden sollte.

Die sanfte kleine Araberstute steht dort auf drei Beinen, ihre Rehaugen drücken unendliche Liebe und Dankbarkeit aus. Sie scheint schmerzfrei zu sein, sie scheint in Frieden und Licht gehüllt. Dankbar nimmt sie den Futtereimer entgegen und schmiegt sich an die Menschen, die zu ihrer Hilfe eilen. Sie scheint zu sagen: »Ich bin bereit, ich habe Vertrauen, alles ist gut so, wie es ist. Ich galoppiere in Freiheit über die Prärie, es war immer so, und es wird immer so bleiben.

»Was macht ihr euch Sorgen
über Leben und Tod,
es ist nichts weiter als
Einatmen und Ausatmen.«

»Jeder Wechsel ist natürlich, in den Körper, aus dem Körper. Ich trage mein Schicksal gern, nehme meine Aufgabe gern wahr. Ich bin hier bei euch, um zu lehren. Sagt meiner Besitzerin, sie soll sich öffnen, dem Wechsel und dem Leben, die Zeit ist reif. Ich nehme dieses gebrochene Bein auf mich, es ist, als sei es dadurch möglich, Schlimmeres zu vermeiden, ich tue es wirklich gern für euch alle. Ich stehe im Licht und bin bereit, im tiefsten Vertrauen; ich bin bereit zu leben und zu heilen, ich bin bereit, zu sterben, ich lebe von Moment zu Moment und tue dies voller Liebe. Ich danke euch, dass ihr an meiner Seite steht und mich begleitet.«

Der Himmel öffnet sich nach einem starken Regenschauer, und die Sonnenstrahlen treffen die kleine Seele. Welche Grazie, welche Stärke. Frieden ist in uns, um uns, überall. Die Magie des Moments macht es uns allen klar, es

wird ein heiliges Band gesponnen. Nirgendwo gibt es Groll, Wut, oder etwas (jemandem?) zu verzeihen, alles wird gut. Das Herz der umstehenden Menschen ist tief berührt, sie wollen das Unmögliche möglich machen, sie schienen das zerschmetterte Bein und führen die Stute zu sechst in den Pferdehänger, ganz gegen den Rat des Tierarztes. Sie wollen das Leben der kleinen Jamaica retten und scheuen weder Zeit noch Kosten, fahren in die Klinik und sind jede Sekunde an ihrer Seite. Die kleine Stute ist ruhig. Sie akzeptiert die Vorbereitungen zur Operation. Dann gleitet sie sanft in eine Vollnarkose, aus der sie niemals mehr erwachen wird.

Ihrem Bein fehlten 6 cm Knochen, ein großes Stück, das aus dem offenen Bruch verloren gegangen ist. Es gibt keine chirurgische Möglichkeit, diesen Schaden zu beheben, und ein Pferd kann auf drei Beinen nicht leben, es gibt keine Rollstühle, keine Krücken, keine »behinderten« Pferde … So beendet Jamaica ihre Zeit im Körper mit einer Überdosis der Vollnarkose, umringt von den Menschen, die sie lieben und begleiten.

Wunder geschehen jeden Moment. Krebskranke ohne Hoffnung heilen von einem Tag auf den anderen, selbst jemand, der nach einem Flugzeugabsturz mehrfach querschnittsgelähmt ist und künstlich beatmet werden muss, läuft wie durch ein Wunder wieder auf seinen eigenen Beinen … Nur liegt es nicht an uns, zu entscheiden, wann und wo ein Wunder geschehen soll. Auch wenn wir sechs Menschen vereint mit weiteren 60 Freunden um ein Wunder für Jamaica gebetet haben, so ist es nicht auf die Weise eingetreten, die wir uns wünschten.

Natürlich weinen wir. Natürlich trauern wir. Natürlich fehlt uns die kleine Jamaica. Niemand kann den Schmerz ihrer Besitzerin messen. Und trotzdem – jedes Mal, wenn wir an Jamaica denken, empfinden wir pure Freude, Sanftheit und Liebe. Könnte es sein, dass solch wunderbare Seelen wie die der kleinen Jamaica nur kurze Zeit im Körper verbringen, schnell ihre Botschaften übermitteln, ihre Aufgaben erfüllen und dann sanft hinübergleiten in die »andere« Welt, um dort weiterzuwirken? Wir wissen nicht, wie der Unfall geschehen konnte und auch nicht, ob das so stimmt. Aber es fühlt sich wahr an.

Danke, Jamaica.

Ich komme spät vom Büro nach Hause. Die Scheune ist voller heller Lichter, erfüllt mit Musik und Gelächter. Viele glückliche Menschen feiern eine Party … »Komm, iss, trink und feiere mit uns!« »Ja, ich komme, aber später.«

Draußen ist es schon stockdunkel, und leise gehe ich den Weg zum Paddock meines Pferdes. Die Stute schaut mich an, registriert jede meiner Bewegungen, als ich an ihr vorbeigehe, um mein Führseil aus der Sattelkammer zu holen. Sie folgt mir mit den Augen, den Ohren, ihrem ganzen Sein. Ich gehe zu ihr, sie begrüßt mich voller Glück – »Ich dachte schon, du kämst gar nicht mehr.« Ihr Wunsch ist in der Luft zu spüren: »Bitte mach was, ich langweile mich!«

Wir gehen zusammen aus dem Paddock, sie nimmt einen Schluck Wasser, dann laufen wir in Richtung Weide. Auf dem Weg dorthin kommt uns eine glitzernde Idee: »Wie wäre es, wenn wir im Dunkeln ein wenig in Freiheit spielten?« Die Sterne über uns und die entfernte Musik aus der Scheune scheinen ein idealer Hintergrund zu sein …

Pferdeohren, -augen, -schweif, -mähne, -beine, -geruch und perfekte Bewegungen, eine wundervolle Kreatur im Dunkeln, das Gefühl des Atems, der Gedanken, des Pferdekörpers, näher und näher, eins werden im Rhythmus, zusammen tanzen zu der leisen, erfüllenden

Musik des Universums … Im Dunkeln gibt es nur ein Flüstern, keinen Raum für Kritik, für Leistungsdruck, aber viel Raum für Partnerschaft, Harmonie und Spaß … Wen interessieren jetzt Urkunden? Wir galoppieren zusammen und spielen »Sei mein Schatten«, wir bewegen uns zusammen aus jeder Zone, driften auseinander, nur um uns neu zu treffen. Was hat mehr Wert als Freundschaft auf diesem Planeten?

Die Dunkelheit wird noch dichter. »Komm, wir gehen zu den anderen Pferden auf die Weide, lass uns zur Party zurückgehen.« So gehen wir davon, ohne eine Fessel, nur geführt von unseren Ideen. Als wir am Tor ankommen, verlässt mich die Stute, sie geht davon, um mit ihren Pferdefreunden noch einen Schluck zu trinken. Ich bleibe allein, warte, und in Gedanken wünsche ich ihr eine gute Nacht.

Dann passiert es. Sie dreht sich um und trabt zu mir zurück. »Was ist los, kommst du nicht mit?« – »Natürlich komme ich, was dachtest du denn?« Die anderen Pferde laufen davon, aber sie entscheidet sich dazu, bei mir zu bleiben. Wir machen noch einen Spaziergang über die Wiesen, und immer noch zieht sie meine Gesellschaft der der anderen Pferde vor.

Es ist richtig spät, als ich zur Party komme.

Bankers Lehre

Die Story von Paradise Meadow ... Wie fühlt sich ein Pferd?

Es ist Nacht in Colorado. Eine dreitägige Veranstaltung hat mehr als tausend Besucher auf die Ranch gelockt. Das gewohnte natürliche Leben zwischen Mensch und Pferd ist dabei etwas aus dem Gleichgewicht geraten.

An diesem einen Abend stehlen mein (damals noch) Freund Edwin und ich uns mit unseren Pferden Banker und Thunder davon, denn es herrscht zu viel Lärm, da sind zu viele Menschen, zu viele Fragen. Wir reiten einfach los. Als wir einen guten Abstand zur Ranch bekommen haben, genießen wir die Stille, die sanfte Brise, die Einsamkeit. Wir stellen erst jetzt fest, dass Vollmond ist. Es ist fast so hell wie am Tag, nur wirkt die Landschaft silberner. »Los, lass uns weiterreiten, bis nach Paradise Meadow, zu dieser wundervollen Wiese im Nirgendwo, zwischen großen Bäumen, wo nur die Natur wohnt.« Gedacht, getan.

Jeder Atemzug bringt uns neue Frische. Die Pferde bewegen sich lautlos und ohne Anstrengung. Wir schweigen, eingehüllt in ein Gefühl der Einheit, sind sprachlos ob der Schönheit dieses Landes, dieses Planeten. Die Zeit scheint stillzustehen, es ist, als ritten wir durch Traumbilder. Schließlich befinden wir uns auf Paradise Meadow. Auch von hier oben ist der silberumwobene Panoramablick atemberaubend.

Doch was ist das? Da ist ein nie gehörtes Krächzen neben meinem Ohr. »Hast du das auch gehört?« Ja, wir alle haben es gehört, sind alle erstarrt, atmen dann aber weiter. Wir bewegen uns durch die Büsche. Da, wieder dieses Geräusch. Noch nie gehört. Wie aus einer anderen Welt. Anspannung, einige hastige Worte, was könnte es wohl sein? Ein wildes Tier? Ein Bär? Ein Berglöwe? Wölfe? Es kommt und geht, dieses Geräusch, direkt neben unseren Ohren. Oder ist es in unseren Ohren? Sind es alte Indianergeister? Ja, irgendjemand hat doch gesagt, die seien hier oben.

Der Wunschtraum verwandelt sich langsam, aber sicher in einen Albtraum. Wir vier Lebewesen sind bis zum letzten Muskel angespannt, wir pirschen zusammen durch das Gebüsch. Hoffentlich sehen uns die Wesen nicht – doch, sie sind schon da, ich habe das Geräusch wieder gehört. Angst kriecht uns kalt den Nacken hoch, packt uns alle mit einer eisernen Faust. Sind wir schon verloren? Sind wir Teil eines Horrorfilms, in dem sich die Geister einen Spaß mit uns erlauben? Wir ändern die Richtung. Mit unserem letzten Mut galoppieren wir auf eine Anhöhe, eine freie Lichtung. Wir sind ausgeliefert. Wer immer diesen Spaß mit uns treibt, muss wissen, dass wir in der Falle sitzen. Die Angst wächst und wächst.

Für einen Moment lang halten wir den Atem an, verharren in totaler Stille auf der Lichtung. Es wird uns so klar wie nie zuvor – hier oben sind wir allein, ausgeliefert und können uns nur auf uns selbst verlassen. Auf der Ranch weiß niemand, wo wir sind. Niemand wird uns suchen. Es gibt keine Möglichkeit, Hilfe zu holen.

Der Moment des Atemanhaltens verstreicht, und da ... da ist es wieder, dieses krächzende, drohende Geräusch. Nicht Mensch, nicht Tier. Wir sehen uns an. Die Pferde nehmen uns die Entscheidung ab: Flucht. Fort, fort, fort. Sie rasen davon. Dieses Etwas ist wohl gefährlicher, als wir es uns auch nur vorzustellen wagen. Ein Bär wird nicht so schnell sein, ein Berglöwe oder Wolf vielleicht auch nicht. Wir haben also eine Chance. Wenn es Indianergeister sind, sind wir eh verloren. Wir rasen über Büsche, Felsen, Steine, Löcher, Wiesen, zwischen Bäumen hindurch, haarscharf in die Kurven. Die Pferde haben die Führung übernommen, wir müssen nur oben bleiben. Und das tun wir mit aller Kraft, dankbar dafür, dass sie uns alle retten wollen und auch können. Wir sehen nichts, denn der Luftzug ist zu stark, unsere Augen können nur tränen. Angst überall, in jeder Zelle genug Adrenalin, um ans Ende der Welt zu fliehen. So schnell bin ich noch nie in meinem Leben geritten.

Die Pferde halten erst an, als wir die Ranch wieder sehen können. Lauschend heben sie ihre Köpfe, weiten die Nüstern, ihr Atem geht schnell. Wir sind eins mit ihnen, jeder Millimeter unseres Seins lauscht. Das Geräusch ist fort. Wir waren schneller. Nach einigen Minuten beginnen wir uns zu entspannen. Fühlen unsere Körper, die Anstrengung und das süße Gefühl von Glück. Wir haben überlebt.

Ein Gedanke schießt mir durch den Kopf, als ich Banker später im Vollmondlicht in ihren Paddock bringe … Vielmehr ist sie es, die mir diesen Gedanken mit ihren Blick mitteilt: »Weißt du, wir Pferde, wir fühlen uns immer so, wie heute Nacht auf Paradise Meadow. Das war nur für dich neu.« Glasklar fühle ich es. Ja, so fühlt sich jedes Fluchttier in jedem Moment, in dem es nicht sicher ist, ob es nicht gleich gejagt, geschlachtet und gegessen werden wird. In jedem Moment ohne Sicherheit.

Wie viele solcher Momente gibt es für ein Pferd in der Menschenwelt? Viel zu viele. »Banker, jetzt verstehe ich. Es tut mir so leid. Ich verspreche dir, ich werde den Menschen von diesem Gefühl erzählen, sodass sie euch besser verstehen können. Kein Lebewesen kann einfach mit einer solchen Todesangst umgehen. Die Menschen werden euch besser verstehen können, wenn sie wissen, dass jedes Pferd, wenn es Angst bekommt, nicht daran denkt, dass es sich verletzen könnte, sondern sicher ist, dass es bald sterben muss.«

Ryan – die Reise von normal zu natürlich

Freitag, 13.02.2004

Endlich fahren wir los. Diana erwartet uns um 15 Uhr, aber so, wie es aussieht, werden wir vor 17 Uhr nicht am Gardasee ankommen. Wer weiß, ob wir Ryan heute schon verladen können – wie Diana ihn beschrieben hat, ist er recht schwierig. Wahrscheinlich wird es lange dauern, ihn einzufangen … und dann wird es dunkel sein. Na ja, wir werden am Montag wiederkommen müssen, ein schwieriges Pferd hat seinen eigenen Rhythmus.

Ich kann mich noch sehr gut an Dianas ersten Anruf erinnern. Sie wandte sich wenige Tage nach der Pferdemesse in Verona an mich und fragte, ob ich ein Pferd von ihr übernehmen wolle. »Er ist ein wirklich schönes Pferd, ein Welsh Cob, neun Jahre alt.« Auf der Pferdeausstellung hatte sie die Vorführungen mit unseren Pferden gesehen, und die natürliche Art hatte ihr gefallen. Meine erste Reaktion war: »Nein.« Nein, weil wir damals schon 17 Pferde auf den Weiden hatten, nein, weil es unmöglich ist, allen Pferden, die in der normalen Welt leben, ein besseres Leben zu bieten. Nein, weil der Weg, um ihr Leben zu verbessern, nicht der ist, die schwierigen Pferde zu uns nehmen, sondern die Menschen zu lehren, sich selbst zu helfen. **Euch lehren, die Pferde zu lehren – das ist wirklich unsere Arbeit, unsere Mission.**

Aber Diana erzählte Ryans ganze Geschichte, und – ich schäme mich nicht, es zu sagen – mit Tränen in den Augen entschied ich, ihn zu holen. Ich entschied auch, dass ich dieses Abenteuer mit der Welt teilen würde, in der Hoffnung, mit Ryans Hilfe den Unterschied zwischen »normal« und »natürlich« erklären zu können. Meine Vision ist und bleibt: Auf diesem Planeten wird es eines Tages »normal« sein, sich »natürlich« zu verhalten.

Diana erzählte: »Wir haben Ryan vor einem Jahr von England nach Italien gebracht. Er hätte ein Freizeitpferd für einen meiner Schüler werden sollen, es ging nicht um Leistungssport, nur darum, eine schöne Zeit miteinander zu haben. Ich hatte Ryans Foto in der Zeitung gesehen und ging ihn anschauen.

Er machte einen sehr guten Eindruck, und wir probierten ihn aus. Er schien ein sehr gutes Pferd zu sein, ruhig, guten Willens, wunderschön, gesund … Wir kauften ihn, mussten aber sechs Wochen warten, bis wir eine Transportmöglichkeit fanden. Endlich kam Ryan an, doch die Ankunft in Italien war eine Katastrophe: Er stürzte die Rampe des Transporters hinunter, überrannte mich und verkroch sich in einem kleinen Paddock, in dem er sich nicht mehr einfangen ließ. Seine Hinterbeine waren dick angeschwollen. Jede Bemühung, in der darauffolgenden Zeit ein normales Pferd aus Ryan zu machen, scheiterte, Versuche meiner Schüler, ihn zu reiten, endeten in Unfällen. Mehrere Personen wurden durch ihn verletzt. Frustriert von dieser Situation, ging ich zurück zu Ryans Herkunftsort und erzählte von meinen Erfahrungen. Mir wurde geraten, ihm ein Sedativum zu verabreichen und ihm während der Longierarbeit einen Sandsack auf den Rücken zu binden. Heute bin ich davon überzeugt, dass Ryan regelmäßig eine zur Vornarkose verabreichte Substanz, die Morphin enthält, bekam. Wahrscheinlich waren seine Hinterbeine bei seiner Ankunft so geschwollen, weil er zu Beginn nicht in den Anhänger steigen wollte – der Transporteur war sicher beauftragt worden, Ryan bei Zwischenstopps nicht auszuladen, aus Angst, dass er das Pferd nicht wieder verladen könnte.«

Ein Pferd, das auf Drogen gehalten wird, damit es in unserer Welt überleben kann. Ich bekomme noch immer eine Gänsehaut … Gut, sehen wir, wie wir ihm helfen können! Wir kommen um 17.30 Uhr bei Diana am Gardasee an. Das Anwesen liegt direkt am Seeufer, ein sehr gepflegter Ort, an dem man die Leidenschaft für Pferde spürt. Auch Diana ist eine besondere Frau, sie weiß, was sie im Leben will, und erreicht es auch. Ihre Entscheidung, Ryan zusammen mit einem 36 Jahre alten Pferdefreund in einen Paddock zu stellen und ihn nicht mehr zu reiten, war wirklich weise. Als eindeutig war, dass das Pferd in keiner Weise Fortschritte machte, suchte sie bei Leuten Rat, die das »sanfte Zureiten« praktizierten und schon einige Kurse in natürlichem Reiten absolviert hatten. Personen also, die schwierige Pferde »korrigieren«. Anfänglich schien es Fortschritte zu geben, aber diese waren nur oberflächlich … Es scheint wirklich schwierig zu verstehen, dass ein guter, natürlicher Pferdetrainer eine eigene Berufsausbildung braucht, die eine Ausbildungszeit von fünf bis sieben Jahren bei einem Meister erfordert. Improvisierte Zureiter und Ausbilder verschlimmern die Situation oft nur, sowohl für das Pferd als auch für sich selbst!

Ryan erwartet uns in seinem Paddock. »Ganz schön (!) groß«, denke ich, »es wird schwierig sein, an ihn heranzukommen.« Er mustert uns, riecht kurz an unseren Händen, dreht sich um und flüchtet in die hinterste Ecke des umzäunten Bereichs. Ruhig nimmt Edwin das Lasso und das Halfter, geht in den Paddock und bringt Ryans alten Freund zur Sicherheit in eine Box. Ryan beobachtet Edwin misstrauisch. Es wird langsam dunkel, Diana, einige ihrer Freunde und ich haben Mühe, zu sehen, was vor sich geht. Ryan rennt viel, Edwin wenig. Millimeter um Millimeter nähern sie sich einander. Edwin versucht, ihn nicht zu erschrecken, so wenig Druck wie möglich zu machen. Es ist eine sehr heikle Situation. Die Umzäunung ist niedrig, Ryan könnte herausspringen, wie er das in der Vergangenheit schon getan hat. Die ganze Annäherung ist eine Leistung von Einfühlungsvermögen und Geschick, den richtigen Zeitpunkt zu finden, im richtigen Moment an der richtigen Stelle zu sein …

Nach einer halben Stunde sehen wir sie nicht mehr, es ist dunkel. Diana erzählt mir, Ryan habe sie mehrmals umgeworfen, auch als sie ihn nur zur Weide brachte. Er erschrickt vor unsichtbaren Dingen und flüchtet. Da er ein starkes Pferd ist, gibt es mit der traditionellen Ausrüstung keine Möglichkeit, ihn zu halten. Ihn einzufangen ist immer sehr schwierig. Diana hat eine Serie von Tricks entwickelt, mit denen sie ihn, früher oder später, in einer Ecke blockieren kann. Als sie fühlte, dass sie sich auf dieses Pferd nie würde verlassen können, entschied sie, ihm die Eisen abzunehmen und ihn in Ruhe zu lassen. So hat er für ein Jahr recht gut gelebt. Jetzt ist der Moment für eine Änderung gekommen.

Eine weitere Viertelstunde ist vergangen. Edwin kommt mit Ryan am

Halfter zu uns. Es scheint uns wie ein Wunder! Er entscheidet, Ryan den An-hänger zu zeigen, nur um zu sehen, was uns Montag erwartet. Er übergibt mir das Seil. Ich möchte mit Ryan durch die sieben Konzepte gehen. Edwin sagt zu mir: »Pass auf seine rechte Seite auf« – und er hat noch nicht ganz zu Ende gesprochen, als Ryan auch schon einen Riesensprung macht. Ich verstehe. Seine rechte Seite ist jungfräulich wie die eines Mustangs, sie ver-trägt nicht den minimalsten Druck von einem Raubtier. Ryan würde alles tun, wirklich alles, um flüchten zu können. Mir wird klar, dass ich einen rie-sigen Angsthasen am anderen Ende des Seiles habe. Aber er ist ein schlau-er Angsthase, denn er hat einige Tricks zum Überleben gelernt, z. B. vom Halfter flüchten und die Menschen zu Boden werfen. Das versucht er auch mit mir, aber zum Glück habe ich das natürliche Seil und Halfter! Er ist ent-täuscht, leckt sich die Lippen, ich habe gewonnen.

Nach zehn Minuten können wir den Engpass in der Nähe des Anhängers ohne Schwierigkeiten passieren. Die Rampe will er aber nicht berühren. Ed-win übernimmt wieder das Seil. Ich weiß nicht genau, was er ihm sagt, denn es ist so dunkel, dass es schwierig ist, zu sehen, was passiert. Ryan erklärt Edwin: »Nein, ich werde nicht auf diese Rampe steigen, stattdessen werde ich weggehen und dich auf dem Boden zurücklassen …« – und dann geht er in den Anhänger. Edwin bleibt an seiner Seite und streichelt ihn. Kurz darauf lässt er ihn wieder aussteigen und gibt ihm die Möglichkeit, sich auf dem Platz auszuruhen. Er lässt ihn weitere zwei Male einsteigen, und jedes Mal geht Ryan lieber hinein. Wir können schon heute Abend wegfahren. Der Anhänger war also nicht das eigentliche Problem für ihn. »Was Ryan fehlt, ist nur ein wirklicher, erfahrener Leader«, sagt Edwin. »Schau, was er für ein schönes Pferd ist!«

Wir bringen ihn nach Piacenza, ich werde mit ihm am Grundkurs teilneh-men, den wir für eine aufgeregte Gruppe neuer Studenten anbieten. Die Reise verläuft absolut ruhig, Ryan scheint ein wahrer Reiseprofi zu sein. Die Ankunft in der neuen Box bereitet ihm allerdings etwas Sorge, deshalb stellt er sich in die hinterste Ecke und frisst dort sein Heu.

Samstag, 14.02.2004
Ryan hat offenbar gut geschlafen. Er lässt sich ohne Protest in der Box aufhalftern, bürsten und sich bewundern … Er ist wirklich schön. Ryan ist

einverstanden, mit den anderen Pferden des Kurses in die Reithalle zu gehen. Das *Konzept der Freundschaft* von Weitem und mit Rhythmus zu spielen, missfällt ihm jedoch. Sehr sogar! Ich nähere mich an und ziehe mich zurück, vor und zurück, Millimeter um Millimeter und – »Wie, es ist schon Mittagszeit? Aber wir haben doch noch gar nichts gemacht!«

Oh, doch. Wir haben viel gemacht und alles, ohne Staub aufzuwirbeln. Am Abend des ersten Tages ist Ryan ein anderes Pferd.

Sonntag, 15.02.2004
Wahrscheinlich erwarten die Kursteilnehmer mehr Spektakel, mehr Aktion von einem »schwierigen Pferd«. Ryan fehlt aber nur – und das wird leider so bleiben – das Vertrauen zum Menschen. Davon abgesehen hat er viel Respekt und ein riesengroßes Herz – und er möchte gefallen. Wenn es einem gelingt, sein Herz zu erobern, ist er ein Pferd, das alles für einen tun würde. Sobald er einen natürlichen Leader findet, entspannt er sich und antwortet zufrieden mit »Ja« auf alle Anfragen. Eine einzige Schwierigkeit zeigt sich beim Jo-Jo-Spiel, weil er es nicht aushält, mich mit beiden Augen von Weitem anzuschauen. Er versucht auf alle Arten zu flüchten, benutzt alle Tricks, mit dem Resultat, dass wir beide schweißnass sind – und dass wir uns noch lieber mögen als vorher.

Lass deinen Freund durch all seine Ängste gehen, gib ihm zu verstehen, dass du jederzeit für ihn da bist, aber lass ihn die Reise alleine tun!

Nach dem Mittagessen erklärt Edwin den Schülern, wie man ein Pferd für dessen ganzes Leben lang in den Hänger einlädt, nicht nur für eine Reise, ein Ereignis oder einen einzelnen Ausflug … und Ryan lässt uns ganz klar verstehen, was es heißt, ein Pferd geistig und gefühlsmäßig, Zone um Zone einzuladen. Und was bedeutet es, dass der Anhänger ein Heiligtum für das Pferd werden soll? Frag Ryan, ein Pferd, das niemand verladen konnte. Ich bin sicher, dass er dir jetzt den Unterschied erklären kann. Der Anhänger ist für ihn schon ein Zuhause geworden. In wenig mehr als einer Stunde.

Nimm die Zeit, die es braucht, und es wird weniger Zeit brauchen.

Montag, 16.02.2004

Es ist 7 Uhr. Ryan steigt in den Anhänger, als hätte er sein Leben lang nichts anderes getan. Neben ihm sind seine Reisegefährten, die Hunde Sisco und Kayleigh. Wir fahren von Piacenza nach Hause. Leider ist es neblig, und wir brauchen statt vier Stunden siebeneinhalb. Aber Ryan kaut sein Heu mit gutem Appetit.

Als wir auf unserem Hof angekommen sind, steigt er elegant aus, und sein Blick scheint zu sagen: »Ja, genau, hier wollte ich schon immer hinkommen!« Er probiert das Gras, lässt seinen Blick über die Hügel gleiten und genießt das Panorama. Wir bringen ihn in den Catch Pen, wohin wir zu seiner Gesellschaft auch Pedro bringen, einen gutmütigen Wallach unserer Herde. Noch gliedern wir ihn nicht in die Herde ein, weil er sich nicht einfangen lässt, und bevor wir ihn in Ruhe in die Herde geben können, müssen wir dieses Hindernis erst überwinden. In der Herde soll er für einige Monate ein wirkliches Pferdeleben führen und das frühere Leben vergessen dürfen. Danach werden wir überlegen müssen, wie seine Zukunft aussehen soll – was sie ohne Zweifel sein wird, ist natürlich.

Donnerstag, 13.05.2004

Drei Monate sind vergangen, seit Ryan in seine neue Herde gekommen ist … und noch ist er kein Pferd geworden. Er bleibt abseits und beobachtet, scheint traurig und leidend. Er hat keine Freundschaften geschlossen und viele Kilos abgenommen, weil er offenbar die natürlichen Herdenspiele nicht kennt – mit dem Resultat, dass er wenig zu fressen bekommt. Wer nicht zu verhandeln vermag, der bekommt das, was übrig bleibt … wenn etwas übrig bleibt.

Aber all dies hat einen tieferen Grund: Ryan durchlebt eine Wandlung. Sein mentales und emotionales »Make-up« der Vergangenheit funktioniert in der neuen Umgebung nicht. Aber Ryan ist absolut nicht bereit, es loszulassen und etwas Neues auszuprobieren. Es fehlt ihm die Anpassungsfähigkeit, vielleicht auch das Vertrauen. Dies sind Monate des Lernens. Doch er findet einen Weg,

sich verständlich zu machen, frisst im Versteckten, reserviert sich einen einsamen Platz und beobachtet die neue Herde. Und die Herde lehrt ihn: Manchmal nähern sich Shiva oder Cristal dem neuen Mitglied und akzeptieren sein »Lasst mich in Ruhe!«, sein angelerntes Muster, seine Art, sich zu drehen und das Hinterteil zu zeigen, nicht. Sie reizen ihn immer weiter, beißen ihn in die Seiten, springen gegen ihn … bis er sie mit beiden Augen anschaut, d.h. ihnen seine Aufmerksamkeit gibt. Ich bin glücklich, dass Shiva und Cristal seine Lehrer sind, so wird für uns die »Arbeit« leichter und ungefährlicher sein!

Freitag, 14.05.2004
Erneut ändert sich die Situation. Nach einigen Versuchen hat Ryan sich heute auf der Weide einfangen lassen (die von Edwin dazu benötigte Zeit betrug ein Viertel der Zeit, die er bei der ersten Begegnung dazu brauchte!), er hat sich zusammen mit Luzo, dem Lusitano, in den Hänger verladen lassen und mit ihm und Edwin eine Reise in die Poebene mitgemacht. Am Kursort angekommen, wird er ausgeladen und geht, als wenn nichts wäre, in die Box neben Luzo. Welche Veränderung! Er scheint schon fast ein »normales« Pferd zu sein.

Am Abend, nach dem Kurs, bringt Edwin ihn in den Round Pen und spielt mit ihm das »Catch-me-Spiel« in Freiheit, eine Technik, die auf Pferdepsychologie zurückgreift und dem Pferd erklärt, dass wir seine Freunde sind. Es dauert mehr als eine halbe Stunde, und viel Schweiß fließt, bevor die beiden sich einander nähern. Aber das erste Mal in seinem Leben ist Ryan in Freiheit auf einen Menschen – ein Raubtier – zugegangen!

Samstag, 15.05.2004
Auch ich bin in der schönen Landschaft um Cremona angekommen. Ryan begrüßt mich … nicht wirklich, aber er lässt mich zumindest herankommen und sich in der Box aufhalftern, ich kann ihn anbinden und striegeln. Seine innere Anspannung kann nur von jemandem gesehen werden, der Pferde »lesen« kann. Vorläufig ist es besser zu wissen, wie, wann, warum und wo zu sein, wenn man neben Ryan steht … Je mehr sein Vertrauen und sein Respekt wachsen, desto mehr werde auch ich mich entspannen können. Aber nicht zu viel, nie zu viel:

> »In jedem gezähmten Pferd steckt ein wildes Pferd,
> in jedem wilden Pferd steckt ein gezähmtes Pferd.«

Die Kunst ist es, in einem bestimmten Moment zu wissen, wen wir vor uns haben. Ryan ist ein ausgezeichneter Lehrer: Da er eher introvertiert ist, braucht es eine größere Aufmerksamkeit, um seine Worte, seine Gedanken und Absichten erfassen zu können. Ich lege den Sattel auf … und bin überrascht zu entdecken, dass ich ein nicht eingerittenes Pferd vor mir habe, ein Pferd, das in seinem ganzen Leben den Sattel nie wirklich akzeptiert hat, das jetzt, in seinem Alter und nachdem es über Jahre geritten worden ist, den Sattel fürchtet, als wäre er noch ein Fohlen. Diese Situation kommt leider immer wieder vor, und viele Pferde landen wegen der damit einhergehenden Probleme beim Schlachter. Wir müssen solche Pferde neu einreiten, weil sie nie auf natürliche Weise an das Gerittenwerden herangeführt wurden. Da sie eben schon ausgewachsen sind, ist alles sehr viel schwieriger …

Wir gehen nebeneinander auf dem schönen Landsträßchen zum Feld. Alles scheint wieder leicht zu sein. Ryan strahlt ein Gefühl von Freiheit aus, von Kraft, aber auch von Schönheit, von Harmonie der Formen. Wir kommen aufs Feld und spielen die sieben Spiele. Welcher Fortschritt! Manchmal fühle ich die Leichtigkeit eines Tanzpartners, ich träume … Oh, oh, das Seil hat mir die Hand verbrannt. Es war wirklich nur ein schöner Traum. Ryan ist auf das große Feld geflüchtet, im Galopp, mit schleifendem Seil. Innerhalb von fünf Minuten habe ich ihn aber wieder. Ich bin diejenige, die lernen muss, ihre Phasen zu dosieren, denn auf der anderen Seite des Seiles befindet sich ein wildes Pferd!

Nachmittag
Ryan und Edwin sind im Round Pen. Sie spielen das »Catch-me-Spiel« in Freiheit. Normalerweise ist es ein vergnügliches Spiel, das eine festere Bindung als jedes Führseil schafft und eine Beziehung voller Respekt und Vertrauen zwischen Pferd und Reiter herstellt. Aber wir bekommen selten eine Gelegenheit, mit Pferden zu spielen, die ein echtes Problem mit dem Einfangen haben. Darum ist es wirklich ein Ereignis, Ryan bei uns zu haben. Und tatsächlich: Indem Edwin die »Psychologie des Gegenteils« anwendet (er möchte, dass Ryan zu ihm kommt und schickt ihn deshalb weg), erzielt er innerhalb von 20 Minuten Resultate, die Ryans mentale Programmierung von Grund auf ändern. Im Round Pen freigelassen, bleibt er zu Beginn für einige Minuten neben Edwin stehen und lässt sich streicheln. Aber eine unerwartete Bewegung genügt, um das Fluchttier in ihm zum Vorschein zu bringen – und los, immer schneller im Kreis, aus der rechten Gehirnhälfte agierend und wie ein

wirkliches Beutetier in Panik. Aber, sollte er auch ganze zwei Tage so weiter-
rennen … Edwin bleibt immer dort, und so gelingt es Ryan nicht, die Distanz
zum »gehassten Raubtier« zu vergrößern; er beginnt, zu ermüden – und auf
einmal schaltet er um auf die linke Gehirnhälfte, die logische Seite, die den-
kende, die »Seite der Partnerschaft«. Jetzt ist es für ihn leicht zu verstehen,
dass ihm, wenn er anhält, nichts passieren wird, im Gegenteil, er erhält Komfort in Form einer Pause, in Form von Streicheleinheiten. Ryan ist sehr intelligent und merkt nach wenigen Minuten: »Das Raubtier kann auch nett sein!«

Sonntag, 16.05.2004
Heute wird ein intensiver Tag, denn vormittags wird der ganze Kurs am See
neben den Stallungen spielen. Der Tag ist günstig, es ist heiß wie im August.
Es sind Pferde dabei, die das Wasser lieben und Pferde, die das Wasser fürchten. Aber nach einigen Spielen haben alle ihre Hufe im See, erfreut über
die Erfrischung. Alle? Nein, Ryan geht da nicht hinein, daran ist gar nicht
zu denken. Es beginnen für mich zwei Stunden der Prüfung meines Savvys.
Der Kurs wechselt seinen Standort, die Sonne steigt … und Ryan und ich
diskutieren. Alle sieben Spiele funktionieren gut, der Anhänger ist kein Problem mehr … aber das Wasser, das geht nun wirklich nicht: »Eher überrenne
ich dich, schiebe dich weg, schmeiße dich zu Boden, mache dich nass. Ich
bewege mich nicht, nein, nein, nein.« Ich wende die passive Beharrlichkeit
in der dafür passenden Position an und antworte: »Doch, doch, doch, ins
Wasser wirst du heute gehen und wenn auch nur für einen Millimeter.« Und
so ist es, Millimeter um Millimeter nähern wir uns meinem Ziel. Denn wenn
ich der Leader sein will, bin ich es, die die Ziele bestimmt, nicht er. Es kümmert mich nicht, dass er dies sein Leben lang anders praktiziert hat. Unsere
Diskussion wird zu einem vorsichtigen Spaziergang zwischen Respekt und
Vertrauen, in einem Moment ist Ryan furchtsam, im nächsten respektlos. Die
Diskussion zieht sich hin, und nach zwei Stunden findet Ryan sich mit beiden
Vorderbeinen im See wieder. Unser Atem geht schnell, der Schweiß rinnt
bei uns beiden. Mir schmerzt jeder Muskel, und da sind ja auch noch die
vom Seil verbrannten Hände (wir nennen diese Verbrennungen auch »Lern-
verbrennungen«). Wahrscheinlich hätte diese Diskussion mit Ryan am See
für einen PferdeMenschen mit mehr Erfahrung nur eine halbe Stunde oder
noch kürzer gedauert. Wir aber haben mehr als zwei Stunden gebraucht …
und ich habe dabei wirklich sehr viel von Ryan gelernt. Wir verlassen den
See und gehen aufs Gras. Wir sind Freunde. Wir sind sehr verbunden.

Mit diesem Erlebnis hat für Ryan wirklich die Wandlung begonnen. Am Nachmittag lässt er sich im Round Pen nach zwei, drei Minuten nehmen. Ich kann ihn in allen drei Gangarten reiten, gehe sogar auf einen Spazierritt, fühle Partnerschaft, Vertrauen und Respekt. Am Abend kehren wir zum See zurück und gehen mit allen sechs Beinen hinein … meine beiden sind vom Sattel aus dabei!

Donnerstag, 11.08.2005 – der Unfall

Es ist einer dieser Alltage, viel zu tun und großer Druck auf meinen Schultern, die leise Frage im Inneren: »Wie soll ich das bloß alles schaffen?« Ich befinde mich in der Akademie AsvaNara in der Toskana, es ist August, wir sind mitten in der Hauptsaison. 20 Studenten nehmen mit ihren Pferden an zwei Parallelkursen teil, den einen gibt Edwin, den anderen gebe ich. In der Mittagspause kümmern wir uns um die Firma, die unsere Zeit unbedingt verlangt, denn wir bauen gerade die Einrichtungen, Gebäude, Straßen, Leitungen und Strukturen der Akademie und werden überall gebraucht. Die Termine werden nicht eingehalten, und es gibt Probleme mit den Baufirmen. Natürlich weiß das keiner unserer Studenten. Der Druck ist an diesem Tag also sehr hoch, und außerdem gibt es da unsere kleine Tochter, auch sie braucht Zeit und Aufmerksamkeit. Ich fühle mich überfordert, ausgebrannt. Aber ich bin es mittlerweile gewohnt, die Maske der Wissenden, der Macherin, der Superfrau zu tragen. So gehe ich pfeifend zu meinem Ryan. Stolz, mit diesem schwierigen Pferd schon so gut zu sein. Bereit, ihn in meinem Kurs als Demopferd zu reiten und mir damit auch selbst zu imponieren.

Ich beginne, mit ihm am Boden zu spielen, doch an diesem Tag fehlt es uns sehr an Harmonie, Ryan ist leicht gereizt und zieht stark an der Führleine. In einer kurzen und heftigen Auseinandersetzung zeige ich ihm schnell, wer von uns beiden heute der Leader ist, und selbstzufrieden steige ich auf. Da merke ich, dass mir ein Loch im Sattelgurt fehlt und ich den Sattel deshalb nicht wirklich festziehen kann. Ryan

ist außerdem eher rundlich und gut im Futter, sodass der Sattel sowieso nur schwer halten kann. Aber ich entschließe mich, weiterzureiten, denn mit einem kleinen Balanceakt würde ich heute sicher klar kommen, das würde meinem Sitz sogar guttun.

So sitze ich also auf Ryans Rücken und beobachte die Studenten mit ihren Pferden. Der nachmittägliche Workshop verläuft ruhig, jeder Student ist mit sich und seinem Pferd beschäftigt, ich sehe gute Fortschritte und viel neues Wissen, das von der Theorie in die Praxis umgesetzt wird. Zufrieden kann ich mich mit Ryan beschäftigen. Ich bitte ihn, loszugehen. Er antwortet mir mit: »Nein, ich mag nicht.« Ich frage ihn noch einmal, diesmal mit einer gewissen Autorität – mit einem Gramm zu viel ...

Ryan flippt aus. Es ist, als brannten bei ihm mehrere Sicherungen auf einmal durch. Er beginnt, vor meiner Autorität zu fliehen, und ich fühle seine Angst, diese tiefe, tiefe Angst: »Wusste ich es doch, auch du bist nur ein Raubtier, auch du hast nichts anderes im Sinn, als mich umzubringen.« Er merkt, dass er mir nicht entfliehen kann, denn ich bleibe auf seinem Rücken, egal wie schnell er rennt. Er will mich unbedingt loswerden, denn er empfindet mich als Lebensgefahr, als jemanden, der ihm jeden Moment den Todesstoß oder Biss von oben versetzen kann. Er beginnt, sich gegen den Zaun zu werfen. Ich spüre mit Entsetzen, dass er sich entschlossen hat, mich zu vernichten, sodass ich ihm nicht schaden kann. Zwischen mir und einem Berglöwen gibt es für Ryan im Moment keinen Unterschied mehr. Dann geschieht alles in Sekundenschnelle: Der Sattel, nicht richtig festgezogen, gibt Ryans Versuchen nach, und mit höchster Galoppgeschwindigkeit knalle ich gegen den Pfahl des noch nicht ganz fertigen Arenazauns. Ryan rast noch eine Runde weiter, mit hängendem Sattel und fliegenden Steigbügeln, bis er umschaltet und merkt, dass niemand ihm etwas zuleide tun will.

Für ein Gramm zu viel Autorität bezahle ich mit sechs gebrochenen Rippen, einem gebrochenen Schlüsselbein, vielen Schmerzen und zwei Monaten Bettruhe.

Mittwoch, 12.09.2007 – das freie Pferd

Ryan lebt jetzt in der Herde, frei und glücklich. Sein Platz in der Rangordnung ist recht hoch, er ist ungefähr auf Platz 10. Mittlerweile hat er viele Pferdefreunde, mit denen er seine Zeit verbringt. Die Beziehung zum Menschen hat sich sehr verbessert, er lässt sich ohne Probleme einfangen, man kann ohne Schwierigkeiten mit ihm umgehen. Und trotzdem bleibt er misstrauisch, er hat noch nicht alles vergeben, was ihm passiert ist. Vielleicht wird er nie wirklich verzeihen, auch wenn ein Weiser gesagt hat:

> »Ein Pferd vergisst nie,
> verzeiht aber alles ...«

In Ryans Fall scheinen die Beruhigungsmittel, die ihm über einen langen Zeitraum verabreicht wurden, eine Gehirnschädigung verursacht zu haben.

Ryan hat mich gelehrt, dass es Pferde gibt, die nicht geritten werden wollen; es ist nicht unbedingt der Sinn ihres Lebens, einen Reiter auf ihrem Rücken zu haben. Was ist der Sinn von Ryans Leben?

In unserer Herde ist er ein hervorragender Lehrer für alle Schüler, er lehrt Positionen, die Bewusstheit unserer Körpersprache, und er ist ein authentischer Spiegel für alle, die bereit sind, hineinzuschauen. Jedes Jahr nimmt er am Ausbildungskurs für Jungpferde und an der Erziehung schwieriger Pferde teil, den wir in der Akademie AsvaNara im Frühling und Herbst abhalten, um zukünftige natürliche Pferdetrainer im Zeitgefühl zu unterrichten und in der richtigen Art, Druck auszuüben. Nach jedem dieser Kurse ist Ryan von einem weiteren Stück seiner Vergangenheit genesen und öffnet sich etwas mehr. Und seine Schönheit ist nach wie vor atemberaubend ...

Toppi hatte vergessen, dass er ein Pferd war

Toppi kam im Alter von 12 Jahren zu uns, als ganz normales Pferd aus Milano. Er hatte sein Leben in diversen Boxen verschiedener Reitställe verbracht und verschiedenen Besitzern als Reittier gedient, für die normale Arbeit wie auch, auf einem mittleren Niveau, für das Springreiten. Alles in der Norm, nichts Spezielles, nichts Außergewöhnliches. Seine damalige Besitzerin war ein sechzehnjähriges Mädchen, das Toppi aus verschiedenen Gründen, vor allem auch aus finanziellen, nicht behalten konnte. Aber im Herzen der jungen Frau brannte der Wunsch, ihrem Pferd ein besseres Leben zu bieten, denn in ihrem Inneren spürte sie, dass ihr Toppi nicht glücklich war. Mit viel Mut machte sie sich auf die lange Suche nach einem Platz auf dem Land, an dem sie ihrem geliebten Pferd die Freiheit schenken könnte. Letztendlich beschloss sie, Toppi in unsere Herde zu bringen.

Ich wiederhole noch einmal: Toppi kam als normales Pferd zu uns, es waren keine Probleme bekannt. Etwas gab es aber doch. Toppi hatte vergessen, dass er ein Pferd war. Er war ausgebrannt, hatte keinen Gefallen mehr an seinem Leben, tat nur mechanisch seine Pflicht. Tag für Tag erwachte er erneut in seiner Box, nur weil noch Atem in ihm war, aber Begeisterung und Lebensfreude hatte er nicht mehr, schon seit vielen Jahren nicht mehr. Toppi war wirklich ein ganz normales Pferd …

Jedes gezähmte Pferd mit seinen drei Grundbedürfnissen Sicherheit, Bequemlichkeit und Spiel hat in der normalen Welt große Schwierigkeiten, diese Bedürfnisse zu befriedigen. Die Sicherheit existiert nur in der Box und auch da nicht immer (wenn der Stallbursche mit der Mistgabel kommt, laufen die Dinge nicht immer gut …), ansonsten findet sich das Pferd **allein** (!) von Raubtieren umgeben, die jederzeit bereit sind, sich als solche zu benehmen. Sie ziehen fest an den Zügeln, treiben das Tier mit den Fersen an, schließen die Hände schnell, nähern sich ihm in gerader Linie und mit festem Blick, reden mit lauter Stimme und bewegen sich ruckartig … und manchmal benutzen sie Peitsche und Sporen. Alles Handlungen, die einem Beutetier große Angst einflößen.

Die Angst eines normalen Pferdes ist also riesig, Tag für Tag. Sicherheit gibt es praktisch nirgends. Mit der Zeit wird das Tier natürlich unempfindlich, die Angst wird wie zugedeckt und vergessen – und das Pferd wird stumpf, bekommt einen grauen Blick oder, um die Angst auszudrücken, die ja doch unterschwellig vorhanden ist, es bekommt einen der Stallticks (wie richtig ist doch dieser Ausdruck!), es beginnt zu koppen und zu weben. Das sind »unangemessene« Verhaltensmuster, die das Fehlen von Sicherheit, die Langeweile oder die ständig anwesende Angst kompensieren. Sie sind vergleichbar mit dem Nägelkauen bei uns Menschen, mit dem wir Nervosität kompensieren. Um das Vertrauen des Pferdes zu bekommen, müssen wir versuchen, ihm mehr zu bieten, zumindest die drei Grundbedürfnisse Sicherheit, Bequemlichkeit und Spiel.

Toppi kam also zu unserer Herde … Er riss die Augen auf, und mit geweiteten Nüstern trank er die Luft, wie nur ein reinrassiger Araber es kann. Er bewegte sich auf den großen Flächen unserer Weiden und war wie neugeboren! Wie schön, diese Szene zu beobachten, alle Anwesenden waren gerührt, und seine Besitzerin hatte Freudentränen in den Augen.

Doch dann geschah das Unerwartete: Toppi rannte an den anderen Pferden vorbei, als seien sie gar nicht da. Sie folgten ihm eine Weile, aber weil er keinerlei Interesse zeigte, ließen sie ihn laufen und kümmerten sich wieder um ihre eigenen Angelegenheiten. Toppi hatte wirklich

vollständig vergessen, dass er ein Pferd war! Seine Sicherheit lag nun in der offenen Landschaft, in der Möglichkeit, zu laufen und zu flüchten, wohin er wollte – und man konnte beobachten, wie das Leben in seinen Adern wieder zu fließen begann. Aber fühlte er sich wirklich sicher? Und wo war die Bequemlichkeit für Toppi? Ein natürliches Pferd findet die Bequemlichkeit bei der Herde, aber es ist nicht gesagt, dass das für ein normales Pferd auch so ist. Toppi war in einer Box geboren worden und aufgewachsen, und seit dem Absetzen hatte er keinen direkten Kontakt mehr zu anderen Pferden gehabt, er hatte nie mit anderen Fohlen gespielt, er hatte nie die Spiele erlernt, die jedes Pferd kennen sollte. Nach all den langen Jahren des Stalllebens bedeutete für ihn ein kleiner geschlossener Raum Sicherheit und Bequemlichkeit. Die anderen Pferde waren ihm fremd, also besser abseits bleiben, man weiß ja nie …

Was etwas später geschah, war sehr bewegend: Als Toppi seine neue Freiheit genossen hatte, begann er, sich in den 30 Hektar, die ihm an Fläche zur Verfügung standen, einen kleinen, möglichst geschlossenen Platz an der Umzäunung zu suchen – das war von da an sein Zuhause. Diese von ihm gewählte Ecke war weit weg von den Orten, an denen sich die Herde normalerweise aufhielt. Dieses Hauspferd fand seine Sicherheit und Bequemlichkeit in der Box, weil es immer so gelebt hatte. Toppi ging nicht mehr weit weg von dort, höchstens zum Trinken. Er war nicht einmal am Futter interessiert, und auch der Hunger brachte ihn nicht zum Heu, das immer in der Nähe der Herde war. An Toppis Fall kann man gut die Reihenfolge der Grundbedürfnisse eines Pferdes erkennen: An erster Stelle steht die Sicherheit. Erst wenn diese gegeben ist, kommt die Bequemlichkeit (im Fall von Toppi die »Hausecke«), und zum Schluss kommen Futter und Spiel.

Nachdem Toppi zwei Tage lang freiwillig gefastet hatte, fingen wir an, ihm Heu in seiner Ecke zu geben. Es dauerte sechs Monate (!), bis Toppi sich daran erinnerte, was es bedeutete, ein Pferd zu sein. Wir halfen ihm, indem wir mit ihm durch die sieben Konzepte gingen, die die Basis der Pferdesprache bilden. Indem er diese Spiele mit und von einem Menschen lernte, erinnerte Toppi sich ganz langsam an seinen Ursprung. Es war, als müsste er seine eigene Sprache ausgraben, um in die Herde gehen zu können.

Heute ist Toppi wieder in jeder Hinsicht ein Pferd. Er lebt glücklich in einer kleinen Herde in einem Offenstall in Norditalien. Er spielt mit den anderen Pferden und seiner Besitzerin.

Toppis Geschichte ist nur eine von vielen bewegenden Geschichten … Wenn die Pferde ihre wahre Identität vergessen, weil ihre Grundbedürfnisse in unserer Menschenwelt unbefriedigt bleiben, passiert so etwas. Aber so weit dürfen wir es nicht kommen lassen! Es ist Zeit, dass wir auch die Pferde fragen, was sie brauchen, damit es ihnen bei uns gut geht.

»Ich fühle Angst und Verwirrung. Hass und Angst. Sie haben mich geschlagen, immer wieder geschlagen. Erst waren sie nett und freundlich zu mir, und dann haben sie mir so wehgetan. Ich verstehe das nicht. Ich will hier raus. Ich will fort. Lieber möchte ich sterben, als in ihrer Gefangenschaft zu leben. Warum hilft mir niemand? Warum sind all die anderen Pferde um mich herum so still? Warum akzeptieren sie die Menschen? Ich hasse Menschen. Sie sind grausam. Seit Jahrtausenden haben sie uns nur benutzt, ausgenutzt, eingeschränkt, ruiniert, getötet. Ich gehe.« Jelo rast mit voller Kraft durch die Absperrung. Es ist ihr egal, was ihrem Körper passiert. Sie hat sich entschieden.

Doch Jelo hat Glück. Sie befindet sich auf natürlichem PferdeMensch-Gebiet, denn ihre Besitzer sind auf dem natürlichen Weg, sie haben Jelo aus den Händen der Trabrennveranstalter gerettet. Die Stute war schon vor ihrer Geburt für diese Rennen vorgesehen. Nun ist sie 20 Monate jung und hat gerade die Anfänge der normalen Ausbildung und des normalen Verladenwerdens miterlebt. Schon das war für ihre Sensibilität zu viel. Sie war kurz vorm Durchdrehen, ihre Sicherung wäre fast durchgebrannt. Verrücktheit ist eine Flucht vor der Grausamkeit, ein Abgeben unserer Verantwortung, eine Flucht vor uns selbst. Diese Tür steht jedem Lebewesen offen, zu jeder Zeit. Jelo will durch sie hindurchgehen.

An diesem Morgen ist sie aber in Gesellschaft erfahrener, natürlicher PferdeMenschen. Sie wird aufgefangen. Ihrem Elend wird zugehört. Sie wird ermutigt, zu schreien, zu hassen, zu laufen, zu fliehen, alles auszudrücken, was ihr auf dem Herzen liegt. Jelo rast davon. Sie rennt und rennt. Es ist ihr egal, wenn sie dabei stirbt. Sie hat mit diesen Menschen Schluss gemacht. Die PferdeMenschen lassen sie laufen. Als sie kurz vor einem Kreislaufkollaps steht, helfen sie ihr mit einem langen Seil. Jelo lehnt es ab, verfängt sich, fesselt sich selbst, überschlägt sich, liegt dann auf dem Boden, kämpft noch eine Sekunde – und gibt auf.

Die PferdeMenschen geben Jelo in diesem kritischen Moment die Freiheit, die sie benötigt. Sie lassen sie aufgeben, erlauben ihr, alle diese Emotionen zu fühlen, nähern sich ihr dann langsam und beginnen, den leblosen Körper liebevoll zu massieren. Sie massieren zum Herzen hin.

Die gefühllose Jelo verspürt nach einiger Zeit ein Prickeln. Kann es denn sein? Sie lauscht, ja, sie atmet noch. Die Menschenhände fühlen sich an wie die warme Zunge ihrer Mutter nach der Geburt. Sicher ist sie schon im Pferdehimmel! Aber dann erkennt sie ihren Körper, er ist derselbe wie vorher. Sie öffnet ein Auge. Unglaublich, sie liegt am Boden, und Menschen knien mitfühlend und liebevoll neben ihr. Sie liebkosen ihren Körper und heißen sie willkommen. Sie versprechen ihr, dass die harten Zeiten vorbei sind. Sie geloben, dass sie ihr zuhören werden. Sie als Pferd frei sein lassen werden. Ihr alle Zeit geben werden, die sie braucht. Sie fragen sie, ob sie bereit ist, ihnen zu vergeben. Sie sagen ihr, dass die Menschen, die ihr wehtaten, nicht wussten, was sie taten. Diese Vergangenheit ist jetzt vorbei. Sie fragen Jelo, ob sie bereit ist, den Menschen noch eine Chance zu geben, ob sie gemeinsam mit ihnen eine heilere Welt erschaffen möchte …

Jelo seufzt. Langsam, unendlich langsam kehrt sie in ihren Körper zurück. Fühlt Lebensfreude und unbändige Kraft. Fühlt all ihre Schönheit. Fühlt die Sanftheit der Menschen in diesem Augenblick. Ja, sie verzeiht ihnen. Sie gibt ihnen eine zweite Chance. Sie erhebt sich im Zeitlupentempo, als prüfe sie, ob die Menschen auch die Wahrheit sprachen. Diese weichen nicht von ihrer Seite. Sie senkt ihren Kopf, blinzelt den Sonnenstrahlen zu und trinkt das Wasser aus dem Eimer, den ihr die Menschen reichen. Ja, das ist ihre zweite Chance.

Sisco und Raffaella

Raffaella sah diesen drahtigen Hengst sofort, es schien, als sei ihm sprichwörtlich »Pfeffer unter den Schweif« gesteckt worden. Er tanzte leichtfüßig durch die Menschenmenge, seine Bewegungen strahlten eine Eleganz aus, die nicht von dieser Welt zu sein schien. Aber Raffaella bemerkte das nicht, sie war fasziniert von den Augen des dunklen Hengstes. Die Augen waren weit aufgerissen, Raffaella sah abwechselnd das Weiße und das Rote in ihnen, aber sie sah noch tiefer – sie sah, nein, sie fühlte Angst, Verzweiflung, Ausweglosigkeit, Panik. Ihr Herz schmerzte, sie fühlte sich diesem Wesen zutiefst verbunden. Sie wollte es retten.

Sisco befand sich in einer Hengstshow, wurde von starken Männerhänden am Halfter gehalten, damit die Menge seinen Körper bewundern konnte. Sein Besitzer war ein anerkannter Connemara-Züchter, und an diesem Morgen hatte er noch neun andere Pferde vorzustellen. Er hatte keine Zeit gehabt, sich mit diesem verängstigten Junghengst zu beschäftigen, keine Zeit gehabt, seine vielen Pferde zu Hause ordentlich auf die Körung und die Show vorzubereiten. Aber je aufgeregter die Pferde waren, desto mehr zeigten sie auch ihre Bewegungen, und die Chance, dass die Richter mit der Punktzahl hochgingen, war größer. Deshalb gefiel dem Besitzer das Getänzel seines Pferdes, er hatte es sogar noch mit grobem Schnalzen und einigen lauten Schlägen auf die Hinterhand herausgefordert.

Allerdings war der Mann nicht darauf vorbereitet, was dann geschehen sollte. Sisco hielt die Angst nicht mehr aus. Er musste handeln, er war sich sicher, dass, wenn er nicht sofort fliehen würde, seine letzte Stunde geschlagen hätte. Er drehte und wendete sich halb wahnsinnig vor Panik an der starken Hand des Züchters, nahm all seine Kraft zusammen, biss kräftig in diese Hand mit dem eisernen Griff, zog sofort darauf gewaltig zurück – und war frei! Mit einem Riesensprung flog er über die Absperrung und raste, wie von der Tarantel gestochen, zurück zu seiner Box, zu seinen Gefährten. Wie froh war er, sie noch alle wohlbehalten wiederzufinden. Zitternd und doch glücklich, gerade noch so davongekommen zu sein, stellte er sich Nase an Nase zu seinem kleinen Freund, einem Connemarawallach, gerade sechs Monate alt. Dann erschien mit rotem Kopf und wutverzerrtem Ausdruck sein Besitzer. Er zerrte Sisco zum Anbindehaken in der hintersten Ecke der Box, nahm die Peitsche aus der Sattelkammer und begann, wie wild auf die Hinterhand des jungen Pferdes einzuschlagen. »Dir werde ich es schon zeigen. Du musst endlich wissen, wer hier der Herr im Hause ist. Diese Manieren werde ich dir schon austreiben, warte nur ab, du Schurke.« Sisco riss nach rechts und nach links und mit aller Kraft zurück, doch der Haken und das Seil hielten stand. Der Schmerz war stark, seine Angst wuchs erneut ins Unendliche. Nie würde er diese Menschen verstehen. Er bereitete sich darauf vor, geschlachtet zu werden.

So fand Raffaella die beiden. Sie hatte die Szene auf dem Platz von der Zuschauertribüne aus verfolgt und war fest entschlossen, diesem armen, sensiblen Hengst zu helfen. Sie war die Tribünenstufen in aller Eile hinuntergehastet und hatte sämtliche Boxen und Stallungen im Laufschritt abgesucht. In der hintersten Ecke überraschte sie die beiden. »Hören Sie sofort auf, ich kaufe das Pferd!« Der Mann hielt verwundert inne, seine stärkste Wut war schon verraucht. Er musterte die zierliche Frau von oben bis unten – »Sie? Dieses Pferd ist viel zu gefährlich für Sie. Es braucht schon einen ganzen Kerl für diesen Teufel. Außerdem ist er wertvoll und für die Zucht bestimmt. Ich glaube nicht, dass sie dieses Pferd gebrauchen können.« Aber Raffaella war entschlossen, Geld spielte keine Rolle. Sie würde dieses missverstandene Pferd retten. In seinen Augen hatte sie sich selbst gesehen, unsicher, ausgeliefert, allein, unverstanden, verängstigt und viel zu sensibel für diese Welt. Sie wusste es: Sisco und sie waren füreinander geschaffen. Sie würde alle seine schlechten Erinnerungen auslöschen, ihm Liebe und ein Zuhause geben. Sie würde ihn mit viel Geduld einreiten und zu ihrem persönlichen Pferd machen. Eile hatte sie keine, er könnte erst einmal in aller Ruhe von den Strapazen heilen. Sie würde sich gut um ihn kümmern. Raffaella akzeptierte den hohen Preis des Züchters, den dieser, ohne mit der Wimper zu zucken, um einige Tausender übertrieben hatte. Der Mann war erstaunt. Aber einen so guten Handel ließ er sich bestimmt nicht entgehen. Schnell wechselten Siscos Papiere den Besitzer, und der Scheck wurde ausgestellt. Raffaella besorgte einen Transporter … und schon fuhr sie mit ihrem Schützling nach Hause.

Sisco gewöhnte sich schnell an die neue Umgebung, wo er mit einem anderen Wallach zusammenlebte. Raffaella verbrachte viel Zeit mit ihm, ging mit ihm spazieren, streichelte und striegelte ihn und brachte ihm alle erdenklichen Leckerbissen. Sie erzählte ihm ihr ganzes Leben, und es schien ihr, als hätte sie den besten Freund ihres Lebens gefunden, denn Sisco hörte ihr immer zu. Er wieherte zur Begrüßung, sobald er ihre Schritte kommen hörte.

Der Hengst wuchs heran, glücklich, zufrieden … überfüttert und ohne Aufgabe. Die ersten Anzeichen gab es, als Raffaella den grauen Wallach mit kleinen Schürfwunden übersät in der Ecke des Paddocks fand. Er traute sich nicht mehr, zum Futterplatz zu kommen. Wenig später begann Sisco, Raffaella anzugreifen. Er schnappte nach ihr und trieb sie in eine Ecke. Sie schrie ihn an, sodass er innehielt und davontrabte, ganz so, als sei er von seinem Verhalten selbst überrascht. Raffaella suchte in allen Büchern, holte sich Ratschläge von erfahrenen PferdeMenschen. Sie war sich nicht bewusst, was sie falsch gemacht haben könnte. Sie liebte Sisco über alles auf der Welt! Dessen Verhalten wurde allerdings immer gefährlicher, sodass

Raffaella sich nicht anders zu helfen wusste, als ihren Liebling kastrieren zu lassen. Schweren Herzens begleitete sie den zu der Zeit zweieinhalbjährigen Hengst in die Klinik.

Die Kastration verlief gut, und wirklich war für einige Monate alles wieder beim Alten zwischen Sisco, dem Wallach und Raffaella. Leider dauerte der Frieden nur bis zur Zeit des Einreitens, denn Sisco ließ sich weder satteln noch trensen. Er trat nach Raffaella, trotz all ihrer Sanftheit, Geduld und Liebe. Er hasste diese Dinge, die sie mit ihm machen wollte, und begann erneut, sie aus dem Paddock zu jagen, zu beißen und auf sie zuzurasen. Raffaella ertappte sich dabei, wie sie ihn verwünschte. Sie fühlte sich hintergangen und betrogen. Es war schon so weit gekommen, dass sie ihm das Heu nur noch über den Zaun warf. Er lebte jetzt allein, für den anderen Wallach war Siscos Gesellschaft zu gefährlich geworden.

In ihrer Verzweiflung schickte Raffaella ihren Sisco zu einem Pferdetrainer. Auch wenn sie diesen Menschen nicht besonders mochte, war er doch der einzige Trainer in ihrer Gegend. Er versicherte ihr gute Resultate innerhalb von drei Monaten. Raffaella stellte einen weiteren Scheck aus, der auch Siscos Transport beinhaltete, denn sie hatte keine Ahnung, wie sie ihr Pferd, das sich nicht mal mehr richtig berühren ließ, in den Hänger verladen sollte.

Als der Tag der Abreise kam, schlich Raffaella in größerer Entfernung um den Stall, es war, als wäre ihr Herz gebrochen. Nun war sie selbst diejenige, die Sisco in die Welt der Schläge, Rauheit, Einschüchterung und vielleicht Gewalt schickte. Sie hatte ihn vor alledem bewahren wollen und wusste jetzt keinen anderen Rat. Würde Sisco sich nicht fügen und wieder das nette dankbare Pferd werden, das er einmal war, würde sie ihn verkaufen müssen. Für Raffaella fühlte sich dieser Tag an wie das Ende einer großen Liebe. Sisco würde ihr diesen Verrat sicher nie verzeihen; niemals würden die Dinge mehr so sein wie früher. Sie hatte ein Pferd retten wollen und in ihrer Unwissenheit ein Monster herangezogen. Liebe allein reicht nicht, um eine Beziehung zu einem Pferd aufzubauen, und es gibt nichts Schlimmeres als zwei Unwissende, die zusammen lernen wollen, wenn es um Pferde geht. In den folgenden drei Monaten litt Raffaella, sie hatte keinen Appetit und führte all ihre täglichen Pflichten lustlos aus. Meist blieb sie allein zu Hause und hatte nicht den Mut, Sisco zu besuchen.

Dann kam der Tag der Rückkehr. Der Pferdetrainer brachte ihr einen artigen Sisco zurück. Entgegen jeder Erwartung war der Wallach ruhig, gesund, und gut aufgelegt. Der Trainer ritt ihn, zeigte alle Fortschritte, und Sisco führte artig sämtliche Befehle aus. Raffaellas Herz hüpfte vor Freude. Sollte sie sich am Ende doch geirrt haben? Brauchte Sisco eine harte Hand? Musste sie lernen, ihn manchmal zu verprügeln, damit er ein freundliches Pferd blieb? Jeder Pferdetrainer weiß, dass seine Arbeit im Grunde nur bei ihm selbst funktioniert, denn die normalen Pferdebesitzer kennen die Regeln nicht, um mit einem Pferd erfolgreich umzugehen … Aber was soll's – so kommen mehr Pferde, und das eigene Einkommen ist gesichert!

Die erste gemeinsame Woche verlief ruhig. Sisco akzeptierte Raffaellas Anwesenheit und hatte sich bald wieder eingelebt. Sie konnte ihn satteln und ruhig im Reitplatz reiten. Dann wagte sie den ersten Ausritt. Alles verlief gut. Zwar hatte Raffaella immer den Eindruck, zwischen ihnen beiden sei etwas nicht in Ordnung, aber sie schob das auf ihre alten Schuldgefühle. Eines Tages machten sie dann einen längeren Ausritt. Raffaella wagte sogar einen Galopp. Plötzlich erschrak Sisco vor einem Windstoß und begann, wie wild zu bocken. Raffaella flog in hohem Bogen ins nächste Dornengebüsch und brach sich den Arm. Es dauerte einige Zeit, bis sie wieder ganz gesund war. Nur langsam brachte sie den Mut auf, Sisco erneut zu reiten. Aber dieser hatte sich etwas gemerkt: Er brauchte nur zu bocken, dann hatte Raffaella sofort Angst und stieg ab. So bockte er erst selten, dann immer öfter. Ihm war es lieber, in Ruhe zu Hause zu bleiben, als sich mit Raffaella auf dem Rücken bewegen zu müssen. Schließlich gab Raffaella auf. Sie hatte begriffen, dass ihr das nötige Wissen für Sisco fehlte. Sie ließ ihn einige Jahre einfach in Ruhe, verbrachte ihre Zeit woanders und wartete auf einen netten Menschen mit Erfahrung, dem sie ihr Pferd geben konnte.

Eine große Liebe endete so aus Unwissenheit. Herz und Liebe hatte Raffaella reichlich; was ihr fehlte, war das Wissen um die natürlichen Dynamiken der Pferdesprache. Sie hatte Glück, nach einiger Zeit begegnete sie uns, und wir konnten Sisco übernehmen. Für Raffaella selbst war leider schon zu viel Zeit vergangen, ihr Verlangen, sich auf die Reise zu machen und ein natürlicher PferdeMensch zu werden, war nach den vielen Jahren der Frustration erloschen. So zog sie einen Schlussstrich unter ihr Leben mit Pferden.

Sisco im Round Pen

Sisco gehörte jetzt also uns. Natürliche Konzepte machten ihn zu einem zugänglichen, offenen Pferd, doch die vielen Jahre, die er allein gelebt hatte, hatten ihre Spuren hinterlassen. Sisco benahm sich aggressiv und dominant gegenüber allen anderen Pferden. Es war gefährlich, ihn in die Herde zu lassen. Er stürzte sich auf sämtliche schwächeren Pferde, biss ihnen von oben in den Hals oder Widerrist, jagte sie im wilden Galopp um die ganze Weide und ließ sie erst wieder los, wenn sie auf dem Boden lagen. Sisco brauchte viel Bewegung, eine Menge Dominanzspiele und sehr bestimmtes Leadership. Es war Januar, und wir sollten bis zum Sommer warten müssen, um ihn auf den freien, bis zu 30 Hektar großen Weiden der Hochalmen in die Herde zu lassen. Denn auf vergleichsweise engem Raum waren unsere anderen Pferde in Gefahr; so viel Energie brauchte einfach viel mehr Platz. Trotz allem machten wir gute Fortschritte. Am Boden hatten wir bald alle Konzepte angewandt, auch an langen Seilen. Sisco ging es besser. Beim Reiten war er schnell, aber gelehrig. Er brauchte eine Aufgabe, denn sein Körper strotzte nur so vor Energie. Er würde ein optimales Arbeitspferd abgeben – Siscos einziges wirkliches Problem war nämlich seine Arbeitslosigkeit.

> Jedes Pferd, wie jeder Mensch, hat das Anrecht auf eine sinnvolle Beschäftigung und Aufgabe.

Eines Tages war die Zeit reif für die ersten Spiele in Freiheit. Die ersten drei Male im Round Pen verliefen gut, und alle waren glücklich über Siscos Fortschritte. Dann geschah es. Ich befand mich mit dem schönen, starken Connemarawallach in tiefstem natürlichem Gespräch, als sich sein Blick plötzlich trübte, er herumwirbelte, stieg und mit aufgerissenem Maul und drohenden Vorderfüßen auf mich zukam. Ich spürte es, er hatte meine Kehle im Visier. Er wollte mich packen und zerreißen, genau wie zwei Hengste es untereinander tun würden, wenn sie um eine Stutenherde kämpften. Angst blockierte mich, ich schwitzte in Panik und konnte mich dennoch nicht vom Fleck rühren. Er würde mich töten, wenn ich nicht sofort etwas unternähme! Es ist wahr, wenn wir wirklich in Gefahr sind, dann möchten wir uns instinktiv ducken, im Boden versinken und den Kopf mit den Händen schützen. Das Grundfalsche, was ich hier hätte tun können. Zum Glück funktionierte ein kleiner Teil meines Gehirns trotz lähmender Todesangst, ich drehte mich um, raste los, hastete über den Zaun, fiel auf der anderen Seite runter und schrie aus Leibeskräften. Puh, ich konnte noch schreien, er hatte mich nicht erwischt.

Edwin kam verdutzt hinzu. Er verstand, was sich zugetragen hatte und sagte, ich solle wieder reingehen. Ich sagte nichts, zitterte am ganzen Körper und schüttelte nur immer wieder den Kopf. Nie und nimmer würde ich wieder da reingehen! Edwin sah meinen Gesichtsausdruck und lachte. Für ihn als erfahrenen PferdeMenschen ist das Dominanzspiel in Freiheit ein Kinderspiel. Er ging in den Round Pen und bewegte Sisco sicher und provozierend.

Nach einiger Zeit kam der Moment, Sisco erhob sich auf die Hinterbeine und drohte Edwin. Das ist ein natürliches Verhalten für Hengste, Sisco machte nur, was Mutter Natur ihm sagte. Er fragte Edwin einfach, ob er sicher war, wirklich dominanter zu sein als er selbst. Ja, das war Edwin. Er begegnete Siscos Drohung mit einer einfachen dominanten Handbewegung: Er hatte einen Stecken mit Seilchen in der Hand, und das Seilchen traf den drohenden Sisco direkt an der Nase. Damit hatte dieser nicht gerechnet; sofort kam er auf seine Füße, schüttelte sich und galoppierte gelassen um Edwin herum. Ende der Vorstellung. Er leckte sich noch die Lippen und akzeptierte Edwin vollständig als seinen Leader. Beide waren glücklich, Edwin in der Position als PferdeMensch mit einem Pferd, das ihm natürlicherweise folgte, ihn respektierte und ihm vertraute, und Sisco als Pferd, das sich endlich entspannen konnte, weil er sein Alphatier gefunden hatte und sich nicht mehr selbst um alles kümmern musste.

Für mich war die Situation klar, es lag nur an mir selbst, meine Kraft und Führungsqualitäten zu verbessern, um ein wirklicher Leader für Sisco zu werden. Das Pferd hatte keine Schuld, es suchte nur seinen Leader. Und der wollte ich werden.

Einige Monate später fand Sisco Arbeit: Er führt bis heute Wanderritte auf einer Hochalm an, ist von morgens bis spät in die Dunkelheit hinein unterwegs und bringt sportliche Urlauber mit ihren Pferden in ungeahnte Höhen und an reizende Orte in der Natur. Er ist ausgeglichen und liebt seine neuen Leader, mal Edwin und mal mich. Er hat sich in ein harmonisches, leistungsfähiges und großzügiges Pferd verwandelt.

»Mein Hengst ist anders ...«

Die folgende Geschichte ist schockierend, basiert aber leider auf einer wahren Begebenheit und gibt eine harte Wahrheit wieder: Hengste sind ganz besondere Pferde und gehören in erfahrenste Hände!

»Mein Hengst ist anders als alle anderen, er ist ganz lieb!«, sagte die nette ältere Dame über ihren schönen gescheckten Zuchthengst. Dieser stand ungeduldig in seiner Box, und etwas Weißes, Undefinierbares lag in seinen Augen. »Ich wünsche Ihnen, dass sie recht haben, Mylady«, antwortete der bekannte PferdeMensch. Er hatte die Dame, eine wohlhabende und einflussreiche Persönlichkeit in der amerikanischen Pferdeszene, zwei Wochen lang in natürlicher Pferdesprache unterrichtet. Die Dame war Mutter von vier Kindern und stolze Oma von drei kleinen Enkeln. Sie liebte Pferde über alles und hatte diese Leidenschaft von ihrem Vater geerbt, der die Zucht aufgebaut hatte, die sie jetzt leitete.

»Mein Rat ist dennoch, dass sie mit diesem Hengst nichts von dem ausprobieren, was sie in den vergangenen beiden Wochen gelernt haben. Hengste sind von Natur aus dominant und brauchen enorm erfahrene Leader. Versprechen Sie mir, dass sie ihn nicht herausfordern.« Die nette Dame lächelte geheimnisvoll. »Sie irren sich. Vielleicht haben Sie ja grundsätzlich Recht, aber mein Hengst ist einfach ganz anders. Ich habe ihn selbst großgezogen, er würde mir nie etwas tun. Da, schauen Sie selbst!«

Bevor der Mann etwas erwidern konnte, hatte sie das Pferd schon aus der Box geholt und führte es nun am Halfter in den Reitplatz. Der Hengst war nervös, energiegeladen und dachte offensichtlich nur an seinen nächsten Decksprung. Die Dame redete auf ihn ein und zog mehrmals an der Führkette, als wollte sie einem ungezogenen Kind seine Grenzen zeigen. »Sehen Sie, er ist wirklich ein Engel!« Damit ließ sie ihn im Reitplatz frei. Er galoppierte sofort davon, endlich konnte er seine Energie loswerden, bockend, steigend und rennend. Dann wieherte er der Welt lauthals seine Anwesenheit zu.

»Schönes Tier!«, sagte der PferdeMensch »Aber, bitte, zu ihrer eigenen Sicherheit, lassen Sie die Finger von ihm. Ziehen Sie vor allem nicht nörgelnd an der Führkette, wie sie das eben getan haben. Der Blick des Hengstes sah dabei aus, als wollte er sagen: ›Lass das. Tu das noch einmal, und ich zeig dir, wer hier der Herr im Hause ist.‹« »Papperlapapp«, sagte die Dame.

Einige Wochen später erhielt der PferdeMensch eine Einladung zu einer Beerdigung. Die nette ältere Dame war ganz plötzlich aus dem Leben geschieden. Sie hatte ihren Hengst zur Weide gebracht und einmal zu viel an der Führkette gezupft. Er hatte sie daraufhin, ohne weitere Vorwarnung, an der Kehle gepackt und diese mit einem Biss herausgezogen … Die nette Dame war auf der Stelle tot.

Study

Es begann mit einer Reise. Study stieg mit vielen anderen Pferden in das Flugzeug ein, das ihn von Amerika nach Paris bringen sollte. Er war bereit, denn er hatte das Vertrauen zu den Menschen zurückerlangt. Als Fohlen war es ihm verloren gegangen, denn sie waren brutal gewesen, diese Menschen. Nie hatten sie ihn verstanden, und wann immer er mit ihnen in Kontakt getreten war, hatten sie ihm wehgetan. Sie hatten versucht, ihn mit Gewalt zu brechen, er hatte sein Herz verschlossen, und wann immer ein Mensch auf ihm gesessen hatte, war er voller Angst davongelaufen. Nur weg von dem Schmerz in seinem Maul und in seinem Körper, weg von der Angst. Was war falsch in der Menschenwelt? Er glaubte, dass er in diesem Leben niemals glücklich werden könnte.

Sein Verhalten war seine Rettung, denn er bekam den Stempel »schwieriges Pferd, sofort verkaufen« und gelangte so für einen Spottpreis in den Besitz eines natürlichen PferdeMenschen. Dort sollte Study aufatmen und Menschen treffen können, die seine Sprache kannten und ihm zuhören würden. Schritt für Schritt lernte er, diesen Wesen wieder zu vertrauen.

Er kam in Paris an, auf einer Ranch natürlicher PferdeMenschen. Study war ein starker, rot-goldener Wallach, der das Zeug zum Star hatte. Von da an reiste er mit einem jungen Mann durch Europa und unterrichtete andere PferdeMenschen in der Kunst der natürlichen Pferdesprache. Er genoss das Leben, mochte es sehr, sich zu zeigen und Licht in die Reitställe zu bringen. So kam es dazu, dass er einem berühmten PferdeMenschen auffiel, der ihn daraufhin mit auf seine interessanten und gut besuchten Shows nahm. Study wurde bekannt, er erstürmte die Herzen der Zuschauer in wenigen Augenblicken, denn seine Bewegungen und sein tiefer, fragender Pferdeblick trafen unweigerlich direkt ins Herz. Er tourte einige Jahre durch Europa und brachte die natürliche Pferdebewegung ein Stück weiter.

Häufig passiert es berühmten Stars, dass der Rausch des Ruhmes sie von sich selbst trennt. So ging es auch Study. Er brannte aus, begann, das Leben im Pferdehänger und in Showboxen zu hassen, wurde gereizt und nervös. Er gewöhnte sich Ersatzhandlungen wie das Koppen an. Aufhören konnte er nicht, obwohl dieses Leben ihm schadete und sein Körper ihm dies regelmäßig signalisierte, machte er einfach weiter. Study war in eine Menschenwelt geraten, die in ihrer Angst und Künstlichkeit der Veränderung einen Trugmantel übergeworfen hatte …

Da griff das Schicksal ein, wie es dies so häufig tut, wenn wir die Warnsignale überhören. Study, gleichgültig und müde, wurde auf der Weide von einem anderen Pferd getreten und brach sich das linke Hinterbein unterhalb der Kniescheibe. Der Tierarzt empfahl Euthanasie. Aber Study hatte Glück, er lief auf drei Beinen in der Herde und durfte vorzeitig in Pension gehen. So lebte Study für fünf Jahre in privater Abgeschiedenheit und war schnell vergessen. Er wollte nur genesen, dankbar dafür, dass er jeden neuen Atemzug geschenkt bekam. Für die anderen Pferde der Herde wurde er ein liebevoller Spielgefährte. Nach einem Jahr humpelte er wieder auf vier Beinen, und nach vier Jahren lief er fast wieder gerade, in voller Gesundheit und Schönheit.

Nach diesen fünf Jahren sah er eine Frau auf der Weide, die er schon Hunderte von Male zuvor gesehen hatte. Aber diesmal war alles anders. Es geschah ganz harmlos, aber sobald er sie anschaute, prickelte sein ganzer Körper. Er fühlte eine Art sanfte Aufregung. Der Frau erging es ähnlich, im gleichen Moment – sie verliebte sich in ihn und versprach, Zeit mit ihm zu verbringen, echte PferdeZeit. So kam es, dass die beiden zusammenfanden, als seien sie füreinander geschaffen.

Niemand erwartet etwas vom anderen, beide sind einfach dankbar für das Geschenk, zusammen sein zu dürfen. Study gibt der Frau Vertrauen, die Frau hört Study sanft zu. Beide erhalten, was sie brauchen, und erblühen zu einer Einheit.

Manchmal zeigen sie sich anderen Menschen, geben Demonstrationen – aber im Gleichgewicht ihrer Bedürfnisse. Sie hören auf ihre innere Stimme, spielen keine Rollen mehr. Eine Rolle zu spielen wird mit sicherem Ausgebranntsein belohnt, denn Rollen sind leer, tote Vorstellungen, wie wir zu sein haben, um anderen zu gefallen. Beide, Frau und Pferd, hatten auf ihren Lebenswegen schon einige solcher Rollen übernommen und entschieden, aus ihren Fehlern zu lernen, sie möglichst nicht zu wiederholen, sondern neue zu machen, um aus diesen wieder zu lernen. Und zu geben, einfach aus vollem Herzen das zu geben, was gerade da ist. Manchmal verstehen sie sich nicht. Das akzeptieren sie, denn beide sprechen in ihrem Ursprung völlig verschiedene Sprachen. Es ist erlaubt, sich nicht zu verstehen. Manchmal streiten sie und reden einige Tage nicht miteinander. Das schmerzt sie, aber es ist auch nicht schlimm.

Die beiden hatten Glück, durften das finden, was sich jeder Pferde-Mensch wünscht. Dieses erfüllende Gefühl, im richtigen Moment am richtigen Ort zu sein, findet nur derjenige, der nicht danach sucht. Es geschieht wie zufällig, natürlicherweise, meist für das dankbare Herz, das schon in Fülle lebt. Study und die Frau sind dankbar für jeden gemeinsamen Moment. In dem Wissen, dass er vergänglich ist. Sie leben ohne Erwartungen, sodass sie wenig vom Verhalten des anderen verletzt werden. Vielleicht werden sie eines Tages zu wahrer Einheit gelangen. Aber sie suchen nicht danach, und das ist das ganze Geheimnis.

WIE PFERDE DIE MENSCHEN-WELT ERLEBEN

Pferde sind eine Meinung auf vier Beinen. In diesem Teil des Buches kommen die Pferde selbst zu Wort und »erzählen« ihre ganz persönlichen Erlebnisse in der Menschenwelt. Da sie natürlich nicht selbst in unserer Sprache sprechen oder schreiben können, haben wir das Wort für sie ergriffen, geleitet von unserem jahrzehntelangen Zusammenleben auf freundschaftlicher Basis.

Forexina – eine Zuchtstute

»Was soll ich schon sagen – mein Leben war hart. Ich wurde als Zuchtstute stark ausgenutzt, jedes Jahr wieder befruchtet, meistens unter Anleitung der Menschen, festgehalten, eingeengt, und der Hengst tat mir meist weh. Jedes Jahr ein Fohlen, jedes Jahr weniger Bewegung. Meine Fohlen verkauften sich gut und wurden zu Gewinnern auf den Wettbewerben, die die Menschen veranstalteten. So war mein Besitzer immer mehr um mein ›Wohlergehen‹ besorgt, d.h., er schickte mich nicht mehr auf die Hochalmen, denn er hatte Angst, ich könnte mich verletzen. Ich musste immer in der Box stehen, gelangweilt, meistens ganz allein mit meinem Fohlen und bereits wieder tragend. So wenig Bewegung war nicht gut für meine Gesundheit; mein Bauch hing immer tiefer, und der Rücken tat mir weh. Als ich 15 war, hatte mein Besitzer dann anscheinend genügend Geld mit meinen Fohlen verdient und verkaufte nun mich, tragend und mit einem noch sehr kleinen Fohlen, sozusagen als Dreierpack: ›Nimm 3, und bezahle nur zwei.‹

Zu dem Zeitpunkt hatte ich mir schon eine Meinung über die Menschen gebildet – ich mochte sie nicht besonders und versuchte, jeden Kontakt zu vermeiden. Die neuen Besitzer wollten mich reiten und wussten offenbar nicht, dass Zuchtstuten nicht geritten werden. Sie gaben nicht auf, obwohl ich sie immer wieder abbockte. Ich konnte diese engen Gurte um meinen großen Bauch einfach nicht ertragen, verstanden sie das denn nicht? Schließlich war ich zu einem Kompromiss bereit: Ich trug sie auf meinem Rücken, solange ich die Gangart und die Richtung bestimmen konnte. Das funktionierte eigentlich ganz gut, denn sie brauchten mich nur, um auf ihre verschiedenen Almen zu gelangen. Schnell kannte ich die Wege und fand die Almen von selbst. Bald darauf bekam ich mein neues Fohlen. Wenigstens respektierten die Menschen, dass Zuchtstuten mit kleinen Fohlen von störenden Menschen besser in Ruhe gelassen werden. Puh, war das eine Erleichterung! Meiner kleinen Tochter erzählte ich gleich, was ich von den Menschen hielt: ›Traue niemals einem Menschen! Sie sind alle gleich: grob, plump, langsam, der Kontakt mit ihnen ist meist schmerzhaft, sie sind schwerfällig und reden so laut. Sie haben kein Gefühl für unsere Sensibilität, sie denken nur an sich, überlegen immer, wie sie uns am besten ausnutzen können. Sie tun meistens das Gegenteil von dem, was wir gern hätten, geschweige denn, was wir brauchen. Zum Glück füttern sie uns gut.‹ Auf der neuen Alm, auf der wir lebten, gab es gutes Gras, viel Platz und Auslauf. Das war eigentlich die schönste Zeit meines Lebens, die freie Zeit mit anderen Pferden auf den Weiden.

Kurz darauf geschah das Fürchterliche: Meine Besitzer hatten nicht mehr genug Geld, um uns alle zu füttern. Sie setzten Anzeigen in die Zeitungen, und ich wurde sofort verkauft, denn ich war hochtragend und konnte diesmal als ›Zweierpaket‹ gehandelt werden. Welch ein Schmerz, mich von meinen beiden Töchtern und den Freunden verabschieden zu müssen. Die Menschen zwängten mich mit meinem dicken Bauch in einen engen Hänger und fuhren mich mehr als tausend Kilometer in ein anderes Land.

Wieder wurde ich wieder in eine enge Box gesperrt, niemals mehr sollte ich die weitläufigen Weiden erblicken. Die Geburt war kompliziert, ich war auch schon älter, aber vor allem war ich traurig und allein. Mein Herz war unerreichbar geworden, wie durch eine Eisenplatte geschützt. Meine neue kleine Tochter konnte in ihrer ersten Woche nicht laufen, weil sie mit einem Geburtsfehler an den Vorderbeinen auf die Welt gekommen war. Tief in meinem Inneren wünschte ich mir, sie wäre gar nicht geboren worden – was würde sie denn schon auf dieser Welt erwarten? Doch ich konnte nichts tun, um ihr dieses Leben zu ersparen.

Trotz meines Alters, aber aufgrund meiner hervorragenden Abstammung, schickten mich meine neuen Besitzer wieder zum Hengst. Sie erhofften sich ein besseres Stutfohlen. Ich stöhnte unter seinem Gewicht, betete zum

Pferdegott, dass ich diesmal kein Fohlen bekäme. Aber mein Körper war noch zu gesund, um aufzugeben. So erlebte ich meine letzte Trächtigkeit, um bei der Geburt meiner achtzehnten Tochter allein und vergrämt, eingesperrt in eine kleine Box, an den Komplikationen fast zu sterben.

Lange wird mein Körper nicht mehr durchhalten. Ich gebe meiner Tochter alle Milch, die ich habe, und mit der Milch verabreiche ich ihr auch einen Panzer zum Schutz, um in der Menschenwelt bald ohne mich zu überleben. Wir Pferde brauchen doch gar nicht viel, um glücklich zu sein. Warum ist das für die Menschen so schwer zu verstehen? Sie ziehen diese geschlossenen Behausungen der freien Natur vor. Wissen sie denn nicht, dass es die wahre Freiheit nur unter freiem Himmel gibt?

Wenn mir noch ein Wunsch gewährt würde – ich wünschte mich zurück auf die Weiden, die ich in meinem langen Leben einige Male erleben durfte. Aber bitte ohne Menschen!«

Barat

8 Jahre alt

»In Wahrheit bin ich ein Athlet. Schon meine Vorfahren waren berühmte Springpferde, es liegt uns im Blut, Sport zu treiben. Stillstehen ist die schwierigste Übung, die ich mir vorstellen kann, denn ich möchte fliegen, laufen, springen, meine Muskeln spüren, meinem starken Herzschlag lauschen. Springen macht mir richtig Spaß. Dabei bin ich eines der wenigen Springpferde, die das von sich sagen können. Die meisten hassen es. Ich glaube, es liegt eigentlich gar nicht in unserer Natur, denn wir umgehen Hindernisse lieber. Da muss man schon etwas Besonderes sein, von edlem Geblüt, so wie ich. Viele meiner Kollegen werden zum Springen gezwungen. Manchmal schaue ich zu, wie die Menschen das machen, sie benutzen metallene Stangen, Peitschen, manchmal Hitze. Das ist ein Elend! Zum Glück liebe ich das Fliegen, sodass ich mit den Menschen im Training gut auskomme.

Menschen verstehen nichts von uns. Meiner Meinung nach sind sie dumm. Mit uns als Sportpferde bzw. als ›Sportgerät‹ können sie tolle Resultate erreichen, aber sie behandeln uns so schlecht, dass es die meisten von uns nicht lange durchhalten. Die Menschen sperren uns in enge Boxen, bis wir so degeneriert sind, dass unsere Muskeln beim Training schmerzen, weil wir sie sonst nicht ausreichend bewegen können. Einige von uns verletzen sich schwer und werden dann aussortiert. Lieber nicht darüber nachdenken, wo sie wohl landen. Die Menschen geben uns Futter, das unser natürliches Abwehrsystem schwächt, aber manchmal lassen sie uns auch hungern. Das Futter gibt es auch nur zu bestimmten Zeiten, und wir sind dann so hungrig, dass wir viel zu schnell fressen, was häufig zu Komplikationen bei der Verdauung führt. Sie stressen uns im Training, setzen uns z.B. im falschen Sport ein. Ich habe Pferde gekannt, die die besten Weitstreckenläufer waren, aber diese Menschen wollten sie unbedingt springen lassen, und dazu hatten sie einfach kein Talent. Einmal gab es eine Stute bei uns – sie war die schönste klassische Tänzerin, die meine Augen je sahen. Doch sie musste springen, was für sie fast unmöglich war. Sie erlitt viele Qualen, und am

Ende erlosch der Glanz in ihren Augen. Vorbei mit ihrem ganzen Potenzial. Sie verschwand viel zu früh von hier, noch jung und doch schon grau, resigniert.

Ich verstehe das einfach nicht: Die Menschen müssen Tomaten auf den Augen haben, denn die Talente der Pferde sind offensichtlich. Was ein Pferd gern macht und gut kann, das ist sein Talent. Dafür ist es geschaffen. Menschen haben da einfach keine Sensibilität, es scheint mir fast, dass sie deswegen auch mit sich selbst nicht zurechtkommen. Die meisten von ihnen sind doch frustriert oder wütend – ein sicheres Zeichen dafür, dass sie ihre Talente nicht leben. Und wenn ich an so manchen Reiter denke, der auf meinem Rücken saß … das Reiten war sicher nicht dessen Talent! Er fügte sowohl sich als auch mir unnötige Schmerzen zu, und wir hatten beide eine schlechte Zeit miteinander.

Das passiert mir aber zum Glück eher selten, denn mein Ruhm ist groß und ich bekomme meistens die besten Reiter für mein Training. In der letzten Saison war mein Trainer ein sanfter, leichter Mann, mit dem das Springen ein Vergnügen war. Er ließ mich einfach machen, fühlte instinktiv, dass er einfach nur mitfliegen musste. Wir hatten die beste Zeit, und siehe da … wir erzielten auch die besten Resultate. Wenn Reiter einfach immer loslassen und uns machen lassen würden, dann wäre unser Zusammensein schön. Die meisten aber sind verkrampft und … ja, eben ohne Sensibilität. Holzklötze. Oder Kontrollfreaks, die immer alles besser wissen. Als meinten sie, sie könnten uns durch Kraft kontrollieren, diese leichten, verletzlichen Menschen! Sie verstehen anscheinend nicht, wie klein und zerbrechlich sie sind.

Klar, wenige Pferde würden sich erlauben, so über Menschen zu sprechen wie ich. Sie haben das Gefühl, von ihnen abhängig zu sein und ihnen gefallen zu müssen; ja, sie haben sogar Angst vor ihnen. Das verstehe ich auch nicht, es reicht doch ein Tritt oder Biss, und sie sind sofort ruhig. Meistens reicht sogar ein bestimmter Blick, und schon gehen sie rückwärts. Warum die meisten Pferde Menschen so fürchten, ihnen erlauben, mit ihnen anzustellen, was sie wollen, ist mir ein Rätsel. Ja, es stimmt schon, dass die Menschen auf schmerzhafte Werkzeuge spezialisiert sind, aber es braucht doch nur ein wenig Allgemeinwissen, um diesen Situationen aus dem Weg zu gehen!«

11 Jahre alt

»Mein Leben ist ein Desaster, mein Trainer und ich leben im Krieg. Dabei begann es ganz harmlos, er änderte den Springparcours, und ich freute mich auf die neuen Hindernisse. Er baute auch einen Wassergraben, wollte meine Karriere auch für andere Disziplinen öffnen. Natürlich habe ich nicht die geringste Angst vor Wasser, ich dusche gern und bin immer gut gepflegt. Schließlich ist das äußere Erscheinungsbild für einen Athleten von großer Bedeutung. Nur – über einen Wassergraben zu springen, macht mir Angst um meinen perfekten Körper. Ich kannte das Wort Angst bisher nicht, ich liebe das Fliegen und die Höhe … aber dieser Wassergraben ist breit, viel zu breit, und das Wasser blendet meine Augen, ich kann einfach nicht sehen, wie tief es ist. Mein dummer Trainer gibt mir nie die Chance, das Wasser mal anzuschauen, dieses Hindernis von allen Seiten auszuprobieren, er will einfach, dass ich in die Weite springe, geblendet vom Sonnenlicht. Ich kann diesen Sprung nicht ausmessen und will mir nicht wegen einer Idee meines Trainers den Fuß vertreten oder die Sehnen zerreißen. Soll er doch selbst drüberspringen. Ich komme nicht mit.

Mit dieser Entscheidung begann der Untergang. Mein Trainer schickte mich vielleicht zwanzig Mal zu dem Graben, zwanzig Mal blieb ich bei meiner Entscheidung und stoppte kurz davor. Er wurde wütend, verlor jeden Respekt vor mir und riss derart an den Zügeln, dass ich meinte, mein Maul würde von dem gewaltigen Schmerz, den ich an den Lippen, am Gaumen, in den Mundwinkeln und an den Zähnen spürte, bluten. Erstaunt und verletzt stieg ich, um dem Druck auszuweichen. Mein Trainer trat mir darauf mit aller Gewalt die Sporen in die Rippen, dass mir die Luft ausblieb. Da wurde ich wütend. Ich bockte ihn ab, für wen hielt er sich denn eigentlich? Als Antwort riss er an meinen Zügeln und zerrte mich hinter sich her in die Box. Er nahm eine Peitsche in die Hand, trieb mich in die Ecke und schlug blindlings auf mich ein. Ich versuchte, ihn zu beißen, doch er drehte meinen Kopf weg. Also versuchte ich, ihn zu treten. Daraufhin schleifte er mich in ein Folterinstrument, das ich bisher nur aus der Ferne gesehen hatte. Eine Art offener Käfig, in den sie manchmal die Stuten stellen, um sie von innen nach ihren Fohlen abzutasten … Er zwang mich in dieses Gestell und schlug dort weiter auf mich ein. Ich begann, ihn zu hassen. Mein Körper schmerzte, an einigen Stellen waren meine perfekten Muskeln sogar geschwollen. Das würde ich ihm nie verzeihen.

Am nächsten Tag band er mir den Kopf mit einem harten Zügel tief; er war unsanft und wortlos. Ich konnte die Hindernisse nicht mehr sehen, wand all meine Kraft auf, um mich gegen diesen Zügel zu wehren. Er riss nicht. Ich bekam nur Nackenschmerzen und begann, meine Halsmuskulatur zu ruinieren. Der Mensch trieb mich an den Wassergraben. Es war mir unmöglich, aus dieser Position heraus zu springen. Er riss schmerzhaft an meinem Maul, ich konnte nicht steigen. So bockte ich, er hatte die Peitsche dabei und schlug auf mich ein. Ich raste blindlings mit ihm davon, weit weg, nur weg, ich wurde schneller und schneller, er schlug und riss und trat. Ich wollte nur weg. Immer schneller rannte ich, bis ich in einer Kurve das Gleichgewicht verlor und hinfiel. Ich schürfte mir das Hinterbein auf, und er flog in hohem Bogen aus dem Sattel. Sicher hatte er viele Prellungen, denn er hinkte die nächsten Tage stark und ließ mich für zwei Wochen in meiner Box in Ruhe. Ich gönnte ihm jeden Schmerz. Da stand ich nun in der Box, mit viel Zeit zum Nachdenken und einem schmerzenden Körper, und konnte die Dummheit meines Trainers einfach nicht fassen. Was war mit ihm geschehen? Was wollte er tun? Merkte er denn nicht, dass er den besten Athleten aller Zeiten bei sich hatte? Warum wollte er unbedingt diesen Wassergraben mit mir überqueren?

Die ersten Tage nach der Pause verliefen ruhig. Ich schöpfte Hoffung. Wir begannen mit leichter Aufbauarbeit und steigerten uns bis zu den bekannten Sprüngen. Die Sonne schien wieder für uns. Leider nur kurz, denn er brachte mich zurück zum Wassergraben. Diesmal hatte er das Hindernis mit Elektrodraht eingezäunt, sodass ich nicht weglaufen konnte. Er band meinen Kopf fest, wappnete sich mit Sporen, Peitsche und grimmiger Miene … und ich ließ ihn nicht aufsteigen. So leicht haut der mich nicht in die Pfanne!

Seit diesem Tag ist mein Leben grau und hart. Ich werde täglich in diesen Käfig gesteckt und ausgepeitscht. Immer wieder stehe ich vor dem Wassergraben, jeden Tag hat mein Trainer eine andere schmerzhafte Idee. Ich bin voller kleiner Wunden, Schwellungen, Abschürfungen. Aber meinem Trainer geht es auch nicht anders. Er ist noch ganze fünf Mal schmerzhaft von mir gefallen. Ich lasse mich auch nicht mehr einfach so aus der Box führen, ich beiße jeden, der sich mir nähert, und so holen sie mich mit Drohungen und Schlägen. Ich verstehe heute, was die erloschenen Augen der kleinen Tänzerin wirklich bedeuteten. Gern würde ich aufgeben, wie sie. Das Leben ist nicht mehr lebenswert, ich mache nur, was ich hasse, werde geschlagen und angeschrien. Wir alle sind Verlierer. Nur habe ich den Stolz von vielen Generationen in mir. Ich werde kämpfen und nicht aufgeben.«

11,5 Jahre alt

»Einmal hörte ich meinen Vater sagen: ›Die dunkelste Stunde ist gerade vor Sonnenaufgang.‹ Wie recht er hatte! Ich bin jetzt im Paradies! Mein Besitzer rettete mich aus meinem Stall, vor dem dummen Trainer; er brachte mich an einen Ort, an dem Pferde und Menschen natürlich miteinander leben. Natürlich erwartete ich das bittere Ende, als sie mich eines Morgens in den Transporter schoben und zerrten. Die Reise war lang und dunkel, ich fühlte so viel Ungewissheit und Angst in meinen Zellen, dass ich unaufhaltsam schwitzen musste.

Dann kam ich an und traute meinen Augen nicht. Lächelnde Menschen begrüßten mich in meiner Sprache! Ich glaubte, zu träumen, antwortete auf grobe, pferdige Art, indem ich versuchte, ihre Füße zu bewegen, um meine

Dominanz zu festigen … und sie schickten mich geübt aus ihrem Raum ohne dass es schmerzte. Dann lächelten sie. Ich akzeptierte sie gern als meine neuen Alphatiere. Dann gingen wir zusammen (ja, wirklich, wir gingen zusammen, sie zerrten und schoben nicht, sie gingen an meiner Seite!!!) in einen großen, komfortablen Paddock mit Sandboden – eine Einladung zum Wälzen. Das versuchte ich sofort, denn diesen Luxus hatte es in meinem Leben bisher noch nicht gegeben. Zu meiner Überraschung musste ich feststellen, dass ich mich nicht hinlegen konnte. Meine Beine zitterten, mein schlanker, durchtrainierter Körper wog auf einmal mehrere Tonnen; ich schaffte es nicht, mich abzulegen! In all den Jahren in der engen Box müssen sich meine Muskeln und Sehnen zurückgebildet haben, welch ein Jammer. Ich begann gleich, sie zu trainieren. Auf ähnliche Weise, wie die Menschen Kniebeugen machen …

Das Netteste aber ist, dass ich hier Nachbarn habe. Zu meiner rechten Seite wohnt eine hübsche braune Stute, nicht sehr gesprächig, aber sensibel, zu meiner linken ein junger Wallach, spielerisch und unerfahren. Wir können uns berühren, beschnuppern, sogar zwicken und zusammen laufen, wenn uns danach ist. Nur die Pferde, die kurze Zeit hier leben, bewohnen diese Paddocks. Alle anderen beneidenswerten Pferde, die irgendwie das große Los gezogen haben müssen, leben ganzjährig in einer richtigen Pferdefamilie auf weiter, freier Weide. Ich sah einige von ihnen, sie versprühen gute Laune und strotzen vor Gesundheit. Kein Wunder.

Alle Trainer hier sind nett und aufgeschlossen … und jetzt kommt das Sensationellste: Sie hören zu! Am ersten Tag sprach ich unentwegt. Das war so neu für mich, ich konnte gar nicht aufhören. Und der Trainer hörte zu, hörte einfach immer zu; manchmal stellte er mir sogar Fragen. Ihm war wichtig, zu wissen, was ich zu sagen hatte, er richtete sogar unsere Trainingsstunden danach. Nachdem wir Bekanntschaft geschlossen und ein sanftes Aufbautraining begonnen hatten, kam der Tag, an dem er mich an einen Wassergraben brachte. Natürlich war ich sehr skeptisch. Aber ohne Grund. Zwei Tage lang ließ mich mein neuer Trainer, oder besser: mein neuer Freund, den Graben nach Herzenslust von allen Seiten begutachten. Manchmal forderte er mich dazu auf, doch einen Schritt mehr zu probieren, und ich tat es, weil er so nett fragte. Der Wassergraben begann ein harmloser, einfacher Sprung zu werden, was sich am nächsten Tag bestätigte, als ich ihn überflog. Dabei benutzte mein Trainer nicht einmal ein Gebiss im Maul, er vertraute mir wirklich.

Ich blühe hier auf, genieße das Leben. Meine Wunden heilen, vor allem die inneren. Ich schöpfe Hoffnung. Die Menschen sind anscheinend doch nicht alle so dumm, wie ich dachte.«

12 Jahre alt

Leider kam der Transporter wieder, und Barat musste sich von diesem einzigartigen Ort der Erde verabschieden. Die Rückkehr in seinen Trainingstall verlief dramatisch. Innerhalb kürzester Zeit begann er, den Krieg mit seinem Trainer wieder aufzunehmen. Dabei verloren beide. Der Kampf spitzte sich zu, nahm dramatische Ausmaße an. Barat war nicht mehr bereit, seinem normalen Trainer zu verzeihen, denn er hatte erlebt, dass es auch anders geht. Sein Trainer aber wollte nicht zugeben, dass es vielleicht an ihm liegen könnte, dass dieses außergewöhnlich wertvolle Pferd keine Spitzenleistungen brachte, dass er Wassergräben mit Menschen übersprungen hatte, die seiner Meinung nach keine Ahnung vom Springsport hatten. Bei einem besonders heftigen Kampf rutschte Barat vor einem Sprung aus, fiel in das Hindernis hinein und brach sich das Genick.

Bobby

»Ich bin ein Hengst und erst 16 Monate alt. Meine Geschichte ist noch nicht geschrieben. Eins weiß ich aber: Pferde gehören in eine Gemeinschaft. Ich lebe allein, denn meine Mutter starb, als ich gerade zwei Monate alt war. Anfangs war die Einsamkeit eigentlich gar nicht so schlimm. Natürlich vermisste ich meine Mutter, aber meine Besitzer kamen oft, um mit mir zusammen zu sein, und wir spielten viel. Auch lebten nebenan einige Ziegen, mit denen ich mich unterhalten konnte. Doch irgendwann hatten meine Be-

sitzer keine Lust mehr zum Spielen. Sie kamen immer seltener, denn mein Körper war groß und ich stark geworden, während sie klein und schwach blieben. Bei unseren Spielen wurden sie so langsam, dass ich ihnen auf die Füße trat oder sie umherschubste. Dann wurden sie wütend und redeten laut. Ich verstand kein Wort und fragte sie nur immer wieder, ob wir spielen würden. Sie hatten auch die Spielregeln verlernt, sodass ich immer gewann. Bald ließ ich sie nur noch selten auf meine Weide, denn schließlich war ich der Chef auf weiter Flur.

So kam es, dass sie mich zur Ausbildung schickten. Dort wurde ich operiert, aber was bei der Operation genau geschah, weiß ich nicht. Kurze Zeit darauf schickte man mich in eine große Herde – Himmel, waren da viele Pferde. Ich stolzierte auf sie zu: ›Hey, schaut mich an, ich bin der Beste, Stärkste und Größte. Niemand wird mich besiegen; in meinem Leben habe ich noch nie ein Spiel verloren!‹ Dann ging alles sehr schnell. Einige Pferde traten mich. Ich schüttelte mich und lief direkt auf diesen weißen Angeber zu, der da gebieterisch in der Mitte der Versammlung stand. Er sah aus, als wäre er der Chef hier. ›Dem zeige ich es! Dann bin ich sofort der Beste hier!‹, waren meine Gedanken, bevor der Weiße mich zu Boden warf, ohne sich dabei selbst zu bewegen. Er war ein Meister! Sofort verbeugte ich mich vor seiner Macht. In nur einer Minute war ich vom starken, angeberischen Hengst zum sanften und folgsamen Fohlen geworden. Ich fühlte mich blendend. Endlich hatte ich meine wahre Position gefunden, konnte unbekümmert mit den vielen Pferden spielen und einfach Fohlen sein. Ich wünsche mir, dass alle Fohlen in einer natürlichen Herde aufwachsen dürfen. Denn es macht eigentlich überhaupt keinen Spaß, nur mit Menschen zu spielen.«

Shiva – die natürliche Geburt

»Meine Geburt verlief natürlich und einfach. Meine Mutter ist eine starke Stute und mein Vater ein edler, stolzer Hengst. Ich habe ihn nie kennengelernt, aber meine Mutter erzählte mir atemberaubende Geschichten über seine stolzen Bewegungen, seine sanfte Männlichkeit. Obwohl sie nur drei Monate mit ihm verbracht hatte, hatte sie sich unsterblich in ihn verliebt. Ich war ihr einziges Fohlen. Bei meiner Geburt waren auch einige nette Menschen anwesend, vor allem ein paar ganz kleine Menschen, die mir sofort sympathisch waren. Zusammen mit meiner Mutter leckten sie mich sauber und trocken. Ihre Berührungen waren so sanft wie die Zunge meiner Mama. Ich genoss es, mich von allen Seiten verwöhnen zu lassen. Bald darauf konnte ich stehen und fand die Milchquelle bei meiner Mutter. Wie gut das schmeckte! Entzückt sah ich, dass auch ein nettes Menschlein bei seiner Menschenmutter Milch bekam. Wir waren uns also sehr ähnlich.

Die ersten Tage meines Lebens verbrachte ich viel Zeit allein mit meiner Mutter. Draußen war es sehr kalt, und sie entschloss sich, mit mir die meiste Zeit in einer warmen Box zu verbringen. Draußen machten wir nur gelegentliche Spaziergänge. Die Menschen waren oft bei uns – und sie waren willkommen! Vor allem mit dem Menschlein spielte ich gerne. Die großen Menschen mit den sanften Händen lehrten mich das ›Fühlen‹. Es machte mir Spaß, mit ihnen zu reden. Sie baten mich, zur Seite zu weichen, meinen Kopf zu senken, meine Beine anzuheben oder mich zu drehen. Dieses Spiel war aufregend und interessant, und ich lernte meinen Körper auf diese Weise sehr schnell kennen. Meine Mutter erzählte mir Geschichten von nicht so netten Menschen, aber ich war sicher, sie meinte andere als die, mit denen ich aufwuchs. Meine Menschen können mich verstehen, und ich verstehe sie.

Einige Tage nach der Geburt ging ich mit meiner Mutter zu den anderen Pferden. War das eine Aufregung! Alle wollten mich beschnuppern, kennenlernen, berühren! Sie waren schnell und wendig, und meine Mutter

wurde richtig wütend, sie wollte niemanden an mich herankommen lassen. Erst fand ich das schade, ich war doch so neugierig auf all diese anderen Pferde. Dann aber verstand ich, dass die Pferde in der Herde eine Ordnung einhielten, die wichtig war, damit sie sich untereinander schnell verständigen konnten. Meine Mutter erklärte mir alles ganz genau, und in wenigen Minuten verstand ich die ganze Geschichte. Jetzt bin ich ein stolzes Pferd, und weil meine Mutter hoch angesehen war, habe ich noch dazu eine tolle Position auf der Weide. Mein Leben könnte nicht besser sein, ich bin gern bei meiner Herde, und es macht mir Spaß, mit den Menschen Zeit zu verbringen.«

Jokim

»Die Menschen meinen doch allen Ernstes, sie würden Pferde finden, aussu-chen und kaufen und hätten die Kontrolle über uns. Ich finde sie so arrogant. Sie laufen herum, fühlen sich als ›Krone der Schöpfung‹, meinen, sie können alles bestimmen und haben doch in riesigen Buchstaben auf der Stirn ge-schrieben: ›Ich bin dumm, langsam, arrogant, laut, bedürftig und in Gefahr.‹ Sie meinen sogar, sie hätten uns durchschaut. Wenn ich euch eine Geschich-te erzähle, versteht ihr vielleicht besser, wie die Dinge funktionieren.

Eure Plastikwelt ist ein einziges Trug-bild. Das könnt ihr schon daran se-hen, dass ihr in euren Kinos weint, lacht und jedes andere Gefühl mit-erlebt, dort im Dunklen sitzt und alle Handlungen auf der Leinwand verfolgt, als passierten sie wirklich. So eine Dummheit. Jeder von euch weiß, dass dort vorne nur ein Stück Kunststofftuch hängt, auf das Bilder projiziert werden. Genauso ernst, wie ihr das Geschehen auf dieser Leinwand nehmt, nehmt ihr auch eure Gefühle im Alltag. Und handelt danach. Genauso kauft ihr uns und meint, ihr wärt es gewesen, die über unser Schicksal entschieden hättet.

Ich wurde von einer sanften Mutter geboren. Sie erzog mich in Freiheit, wir lebten im Moment und genos-sen jeden Augenblick. Eines Tages nahm sie mich mit zu einem Bach und ließ mich nach Herzenslust im Wasser spielen. Dann, als die Sonne im richtigen Winkel stand, rief sie mich zu sich. Sie zeigte auf eine blanke Wasserfläche, und da sah ich ein Muster, etwa so, wie die Landkarten der Menschen aussehen. Darauf war ein Weg verzeichnet mit vielen Stationen, und ich bewunderte die Landschaften, die Orte, die Pferde, die Menschen, die in schönen Farben vor mir erstanden. Meine Mutter sagte: ›Jokim, schau genau hin, das ist dein Leben. Der Weg, den du siehst, ist dein Weg. Du hast all diese Aufgaben vor dir, wirst diese bestimmten Pferde, Menschen und Orte treffen, und ihr werdet das austauschen, was zu geben ihr bestimmt seid.‹ Ich staunte noch mehr, sah einen langen, abenteuerlichen Weg vor mir. Meine Mutter fügte hinzu: ›Vertraue, Jokim, was auch immer dir geschieht, es ist der Wille der Schöpfung. Alles andere ist Lüge. Sieh hin, und wenn du diese Gesichter wieder siehst, reicht es, dass du deine Gabe überreichst, und alles wird seinen Weg gehen.‹ ›Welche Gabe denn, Mama? Was ist meine Gabe?‹ ›Das, was du bist, mein Kleiner! Jedes Lebewesen kann immer nur das geben, was es ist. Denn davon hat es mehr als genug.‹ Ich war verwirrt. Was war ich denn? Da traf es mich wie ein Blitz: Natürlich, ich war ein Spiegel. Ich war ein Spiegel der Wahrheit.

So begann ich, auf meinem Weg zu wandeln, traf andere Pferde, andere Menschen. Ich wurde ein Langstreckenläufer und spiegelte allen Teilnehmern, ob Mensch oder Pferd, wer sie wirklich waren. Meine Gabe war stark. Manche Menschen hassten mich, denn sie wollten nicht in den Spiegel schauen; andere liebten mich, denn sie waren entzückt von ihrem Spiegelbild. Immer sahen sie Erwartungen in mir, denn all ihr Tun war immer daran gebunden, etwas zu erreichen, zu gewinnen, zu schaffen. Sie verstanden allerdings nie, dass ich nur ihre Erwartungen reflektierte. So geschah es, dass einige von ihnen mich besitzen wollten, denn sie hatten diese Erwartungen im Spiegelbild auf mich bezogen. Ich sollte ihre Erwartungen erfüllen, welch eine Dummheit!

Mir war aber bestimmt, dass ich viele Jahre bei dem gleichen Menschen lebte, um ihn zu spiegeln. Wir tauschten wichtige Spiegelbilder aus; er gab mir Sicherheit zurück und ein friedliches Leben. Manchmal bestanden wir auch Abenteuer zusammen. Daran wuchsen wir beide.

Dann geschah es, dass eine Frau sich in mir spiegelte. Sie erkannte ihre eigene Kraft und Tiefe, ihre Anmut und ihre Lebensaufgabe in meinem Spiegel.

Ich erkannte in ihr ein Gesicht meiner Lebenskarte, und so gab ich ihr, was immer ich hatte. Nun, Menschen wollen besitzen und kontrollieren. Sie wollen uns kaufen und zu ihrem Sklaven machen. Sie glauben allen Ernstes, sie könnten Freiheit besitzen. So erging es auch dieser Frau. Sie wollte mich kaufen, besitzen, mit zu sich nehmen.

Ein Wahrheitsspiegel hat keinen Preis. Ich komme aus eigener Entscheidung, die letztlich die Entscheidung des Universums ist, der Schöpfung, dessen, aus dem wir alle gemacht sind. Die Frau war traurig. Ich spiegelte ihr ihre traurige Sehnsucht, und ihre Augen füllten sich mit Tränen. Wie dumm sie war! Merkte sie denn nicht, dass ihre Sehnsucht nur ein Mittel war, nicht sie selbst zu sein? Dass ihre Sehnsucht sie immer weiter von sich selbst entfernte? Je mehr Sehnsucht sie fühlte, sich ihr hingab, desto mehr Sehnsucht würde sie bekommen.

Menschen, es gibt keinen Grund zur Sehnsucht. Ihr habt alles, was ihr braucht, was ihr sein solltet, was ihr euch wünscht, alles und noch viel mehr, in jedem Augenblick. Es ist ganz leicht, gebt einfach die Sehnsucht auf und ersetzt sie durch Dankbarkeit. Sofort lebt ihr in Fülle. Nun, die Frau aber schwelgte in ihrer traurigen Sehnsucht. Sie hatte kein Geld, und ich kostete eine stattliche Summe. Sie sehnte sich danach, mich zu besitzen, denn sie glaubte, ich sei die Lösung ihrer Probleme, das Objekt ihrer Träume. Sie verstand nichts, wie fast alle Menschen. So drehte ich mich von ihr weg, hörte auf, sie zu spiegeln, denn ich wusste, wir würden uns wiedersehen, wenn die Zeit dafür reif wäre.

So vergingen einige Jahre. Dann sah ich auf einem Ausritt ihr Spiegelbild in einem See. Ich spiegelte zurück, und an diesem Abend verletzte ich mir beim Einsteigen in den Pferdehänger mein Hinterbein. Es schmerzte, und ich akzeptierte die Zeit, die meine Heilung in Anspruch nahm. In diesen Wochen sah ich das Spiegelbild meines Besitzers. Es war besorgt, zeigte mir aber auch Habgier. Er wollte mehr von meinem Körper. Ich begann, mich auf meine Reise vorzubereiten, fort von diesem Mann. Kurz darauf erschien die Frau. Sie spiegelte mir Glück und Verliebtheit. Ich spiegelte ihr wahres Spiegelbild, und sie ging wie auf Wolken. Ich reiste mit ihr, nur um sie zu enttäuschen. *Ent-Täuschung* ist ein großes Geschenk für ein anderes Lebewesen. Ich spiegelte ihr die Wahrheit über ihr Sein. Sie sah es und glaubte, ich sei es. Dabei ging es doch nur darum, dass sie sich endlich selbst fand. Ich enttäuschte sie sehr, denn sie wollte Ruhm und Anerkennung mit mir erlangen, ich aber spiegelte ihr Liebe, ihre Liebe. Mein Körper gab ihr keinen Ruhm, und das machte sie sehr traurig. Sie hatte etwas Wichtiges verwechselt. Sie wurde garstig zu mir und begann, mich immer weniger anzuschauen. So spiegelte ich ihr Zeitmangel. Das mochte sie nicht und verbrachte deshalb immer weniger Zeit mit mir. Es brauchte einige Jahre, bis sie sich selbst erkannte. Dann war meine Zeit bei ihr beendet. Ich sah ihr in die Augen, und wir spiegelten uns unsere Essenz: ›Wir lieben uns sehr und sind frei.‹

Bald darauf erschien der nächste Mensch auf meiner Lebenskarte, und so werde ich von Mensch zu Mensch, Ort zu Ort und Pferd zu Pferd reisen, bis meine Aufgabe erfüllt ist. Immer werde ich von dem geben, was ich bin. Immer im Moment leben.

Die Menschen sind es nicht, die die Pferde aussuchen. Wir finden sie, nach unserer Lebenskarte.«

Cheera – ein Pferdeleben

»Ich wurde als ägyptische Prinzessin geboren … Meine Mutter war von edlem Geblüt, und so warteten meine Besitzer fiebrig auf meine Geburt – vielleicht war ich ja das ersehnte goldene Fohlen. Ich wuchs in einem mittelgroßen goldenen Käfig heran, wurde einmal in der Woche geduscht und durfte an Sonnentagen mit meiner Mutter auf die Weide. Meine Kindheit war sorglos; ich wurde nicht verkauft, weil mein Körperbau nicht zuließ, dass ich an diesen Schönheitswettbewerben, zu denen all die anderen Fohlen fuhren, teilnahm. So blieb ich bei meiner Mutter und hatte das Glück, mit ihr zusammen nette Besitzer zu finden.

Als ich groß genug war, wurde ich zum Westernreitpferd ausgebildet. Das war eine schlimme Zeit in meinem Leben. Ich wurde hart angefasst, Hände und Gebisse aus Eisen schmerzten sehr. Das ging einige Monate so. Als ich dann wieder nach Hause kam, war ich wütend auf die Menschen. Ich hatte auch keine Lust mehr, meinen Besitzern zu gefallen und lief ihnen gerne davon. So entschlossen sie sich eines Tages, mich weiterzuverkaufen.

Ich kam nach Italien, wieder zu Westernreitern. Puh, die nahmen mich auch hart ran. Ich musste in engen Pferdehängern reisen, in dunklen, stinkenden Boxen übernachten und viel arbeiten. Alle Muskeln taten mir weh. Ich hasste dieses Leben; es war jedem egal, wie es mir ging. Meine neue Besitzerin nahm mich dann mit in die hohen Berge. Da gab es andere Pferde, mit denen ich mich anfreunden sollte, sie waren aber alle eher grobe Typen vom Land. Ich hielt mich meist abseits. Viel zu fressen gab es in den langen Wintermonaten nicht auf dem Berg. Und kalt war es! Ich lernte, mich mit wenig zufriedenzugeben und die Gesellschaft der anderen Pferde zu schätzen. Wenigstens hatte ich nicht viel mit Menschen zu tun. Im Sommer änderte sich das allerdings drastisch. Dann musste ich viele weite Wege laufen, immer in diesem steinigen Gelände, mit harten Eisen an meinen Füßen, die mir das Laufen sehr erschwerten. Ich bekam drückende Sättel auf den Rücken geschnallt und hatte Mühe, meinen Weg zu finden, teils wegen der

Hufeisen, teils wegen des Gewichts. Meine Reiterin war zu groß für mich; ich litt oft unter heftigen Rückenschmerzen, biss aber die Zähne zusammen.

Das Gute an den Sommern war, dass es reichlich wundervolles Gras und Kräuter auf duftenden Weiden gab. Wir Pferde blieben zusammen und wurden ein richtig gutes Team. Die Menschen waren zu einem notwendigen Übel geworden; sie behandelten uns gut, ließen uns einen guten Teil des Jahres in Ruhe, und waren auch sonst recht freundlich. Sie verstanden uns nur nicht; aber das ist ja nichts Neues. Sie waren so plump und grob, dass es manchmal richtig zum Lachen war, ihnen zuzuschauen. Wenn wir aber die Wahl hatten, liefen wir ihnen davon. Am liebsten verbrachten wir unsere Zeit frei auf den Hochalmen. Da gab es kaum Menschen, nur freie Sicht, fantastisches Gras und keine Zäune! Schade, dass es da oben in den Alpen immer nur einige Wochen Urlaub gab.

Dann geschah etwas Seltsames: Unsere Menschen lernten unsere Sprache! Sie begannen auf echt lustige Weise, sich mit uns zu unterhalten. Das passierte ganz plötzlich; häufig waren sie jetzt unterwegs und ließen uns in Ruhe, aber wenn sie dann zurückkamen, probierten sie alle erdenklichen Dinge mit uns aus. Sie brachten lange und kurze Seile mit, verbrachten Zeit mit uns in runden Umzäunungen – wenn ich jetzt so zurückdenke, war diese Zeit eigentlich eine große Wandlung. Es war, als hätten die Menschen begonnen, sich ernsthaft für uns zu interessieren. Ich muss sagen, im Laufe der darauffolgenden Jahre habe ich meine Besitzerin schätzen gelernt; viele Dinge werde ich ihr zwar nie verzeihen, denn sie hatte sich wirklich dumm angestellt, mich körperlich überfordert und mir oft richtig wehgetan, aber im Großen und Ganzen hat sie sich echt Mühe gegeben.

Die Jahre sind schnell ins Land gezogen, mittlerweile bin ich schon 19 Jahre alt. Ich lebe jetzt in einer Herde und bin sogar ihre Leitstute geworden – logisch, niemand weiß so gut wie ich, wo es das beste Gras gibt! Zwar kann ich nicht mehr so gut laufen wie früher, denn die körperliche Überforderung hat Arthrose in meine Knochen gebracht; aber es gibt andere edle Pferde um mich herum, da fühle ich mich wohl. Besonders mein Gefährte ist ein netter Kerl.

Meine Lebensreise durch die Menschenwelt war nicht einfach, hat aber ein gutes Ende genommen. Wenn Menschen die Pferdesprache verstehen und ›sprechen‹, ist es sogar manchmal richtig nett mit ihnen … und das hätte ich niemals für möglich gehalten! Ich wünschte, mehr Pferde könnten so leben wie ich heute. Ich wünschte, das könnte normal sein!«

ANHANG
Glossar

Alphapferd

Alpha ist der erste Buchstabe des griechischen Alphabets und steht für »der Erste«. Ein Alphapferd ist ein Leitpferd, das alle anderen Pferde anführt. In jeder Herde gibt eine Alphastute und einen Alphahengst.

Arena

Dies ist ein anderer Name für »Reitplatz«, ein eingezäuntes, meist rechteckiges Areal mit verschiedenen Maßen. Unsere Arena misst 70 x 70 m.

AsvaNara

»AsvaNara« ist Sanskrit und bedeutet »PferdeMensch«. Sanskrit ist eine der ältesten Sprachen der Menschheit, eine echte Seelensprache.

Catch Pen

Ein Catch Pen ist ein kleinerer, extra eingezäunter Bereich auf einer großen Weide, in den einzelne Pferde hineingetrieben werden können, um sie von der Herde zu trennen und ihnen z. B. besondere Pflege oder spezielles Futter zu geben. Der Catch Pen ist auch hilfreich, um sich Pferden anzunähern, die sich auf großen Weiden vom Menschen nicht einfangen lassen.

Einbrechen

Dies ist ein alter Begriff aus der »Cowboywelt«. Ein junges Pferd wird eingebrochen, d. h. mit Methoden der Einschüchterung, mechanischen Instrumenten und teilweise auch mit Gewalt für seine Karriere als reitbares Pferd »vorbereitet«.

Freiheit (Liberty)

Mit Pferden in Freiheit zusammen zu sein, ohne Führseile, Halfter oder Instrumente und dennoch eine wirkungsvolle Kommunikation zu entwickeln, ist eine wundervolle Möglichkeit, die Tiefe der Beziehung zwischen Pferd und Mensch zu testen und zu verbessern. In der Akademie AsvaNara beginnen wir mit der Freiheitsarbeit ab Klasse 2. Junge Pferde werden bei uns grundsätzlich zuerst in Freiheit ausgebildet.

Karottenstecken

Der Karottenstecken ist ein wichtiger Teil der natürlichen Ausrüstung. Es handelt sich dabei um einen orangefarbenen Stab, der zur Kommunikation mit dem Pferd dient. Er ist eine Synthese zwischen der Karottenmethode (»Bitte, bitte liebes Pferd …«) und der Peitschenmethode (»Geh sofort, oder …«) und steht somit für den gesunden Mittelweg der natürlichen Kommunikation.

Komfort und Diskomfort

Um ein Pferd auf natürliche Weise auszubilden, werden die Prinzipien von Komfort und Diskomfort angewendet. Sie ersetzen die veraltete und uneffektive Methode von Belohnung und Bestrafung. »Mache dem Pferd die erwünschten Verhaltensweisen komfortabel und die unerwünschten Verhaltensweisen unkomfortabel« ist hierbei der Leitsatz.

Natürliche Pferd-Mensch-Beziehung (Natural Horse-Man-Ship)

Bei der natürlichen Pferd-Mensch-Beziehung handelt es sich um das Studium der Beziehung zwischen Mensch und Pferd basierend auf Kommunikation, Verständnis und Psychologie statt auf Angsterzeugung, Einschüchterung und mechanischen Hilfsmitteln.

PferdeMensch (HorseMan)

Ein PferdeMensch ist ein Mensch, der denkt, fühlt und agiert wie ein Pferd, der Pferde versteht, der mit Pferden eine Einheit sucht, den Pferde auf seinem Lebensweg begleiten.

PferdeZeit (CavalloTime)

Pferde erleben Zeit anders als Menschen. PferdeZeit heißt, im Moment zu leben, und in diesem neuen Moment aller Möglichkeiten; Vergangenheit und Zukunft gibt es nicht, nur das »Jetzt«. PferdeZeit ist für Menschen meist neu, daher ungewohnt, aber heilsam und sehr intensiv.

Round Pen

Ein Round Pen ist ein runder Zaun, meist aus Holz, aber in jedem Fall aus stabilem Material, häufig mit weichem Untergrund (Sand), und verschiedenen Durchmessern (7, 15 oder 30 m). Die Fläche innerhalb der Umzäunung ist für die Ausbildung von Pferd und Reiter von Vorteil und wird vor allem für die Arbeit in Freiheit benutzt.

Savvy

Savvy ist ein amerikanisches Wort mit französischen Wurzeln (»savoir faire«) und bedeutet so viel wie »inneres, instinktives Wissen, wissen, wann man wo sein muss und was zu tun ist, wenn man da ist«.

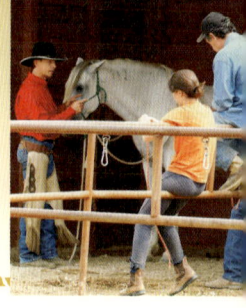

Die Akademie AsvaNara

AsvaNara – die Mission

Unsere Mission ist es, das Leben der Pferde und der Menschen auf dieser Welt zu verbessern, indem ihre Beziehung durch Kommunikation, Verständnis und angewandte Psychologie zuerst geheilt und dann unter Anwendung der Naturgesetze aufgebaut wird. Es geht darum, Licht, Weisheit und Natürlichkeit zu jedem PferdeMenschen zu bringen, der den brennenden Wunsch dazu verspürt. Unser Unterrichtskonzept basiert auf dem Gedanken, dass jeder PferdeMensch schon perfekt ist und alles in sich trägt, was er oder sie braucht, um wirklich gut mit Pferden umzugehen. In unserer Akademie fügen wir keinem einzigen PferdeMenschen etwas hinzu – im Gegenteil, wir entfernen Hindernisse wie Gewohnheiten, falsche Glaubenssätze und Vorstellungen und viele andere Arten von Begrenzungen.

Das AsvaNara-Tal – die Vision

Wir haben das Privileg, an einem der schönsten Orte der Erde zu leben, im Garten des heiligen Franziskus von Assisi, der direkt unterhalb von La Verna in der Toskana liegt, wo er vor mehr als 800 Jahren zu den Tieren sprach. An diesem Ort ist ein Paradies für Pferde entstanden, mit dem Wunsch, allen Menschen zeigen zu können, wie Pferde auch in der heutigen Zeit natürlich leben können. Unsere Vision ist, dass dieses Tal eines Tages nicht mehr normal, sondern natürlich sein wird, dass sich natürliche PferdeMenschen dort ansiedeln, um in Harmonie mit sich selbst, dem Dorf, der Stadt, der Region und dem ganzen Land zu leben, dass all diese Menschen nicht nur natürlich mit Pferden sein werden, sondern auch mit sich selbst und ihrer Gesundheit, ihrem Sein, ihren Kindern, ihren Beziehungen, ihrer Erziehung und Ausbildung, ihrer Umwelt, ihrem Geld und ihrem Leben, und dass das so entstandene AsvaNara-Tal ein Lebensmodell sein wird, um einen Beitrag zur Heilung unseres Planeten zu leisten.

Die Akademie AsvaNara

Jahrelang haben wir davon geträumt, einen Ort zu kreieren, an dem wir mit unseren Pferden natürlich leben und arbeiten können – ohne Kompromisse. Die Akademie AsvaNara entstand aus diesem Traum. Pferde leben dort in der Herde auf weiten Wiesen und Hügeln, alle Strukturen, wie Reitplätze, Round Pens, Spielplätze, der See zum Schwimmen und die Reitwege, sind so gestaltet, dass die natürliche Beziehung zwischen Pferd und Mensch einfach entwickelt werden kann. Menschen leben im Einklang mit der Natur in einer natürlichen Gemeinschaft. Heute ist es uns möglich, unser Wissen und unsere Erfahrungen an interessierte Menschen weiterzugeben und ihnen dadurch neue Impulse für eine natürliche Beziehung zu ihren Pferden zu geben. Durch das Eintauchen in die natürliche Welt der Pferde transformieren sich die Menschen, und damit ändert sich auch ihr Umfeld. Die Studenten der Akademie AsvaNara gehen nicht nur verwandelt, sondern auch mit tiefen und nachhaltigen Eindrücken nach Hause, wo sie die Natürlichkeit in ihrem Alltag erfolgreich anwenden. Nach einem Aufenthalt in der Akademie wird das Leben mit Pferden nie mehr so sein wie zuvor …

Das Studienprogramm AsvaNara

Mithilfe unseres progressiven Studienprogramms ist es für den Studenten möglich, Pferdesprache und Pferdeverhalten von Grund auf zu erlernen und dabei die außerordentlichen Fähigkeiten eines PferdeMenschen zu entwickeln. Es spielt dabei keine Rolle, ob der Student bereits Erfahrung mit Pferden mitbringt oder seinen Weg mit Pferden gerade erst beginnt, denn jeder Student lernt Pferdesprache, eine Fremdsprache, auf seinem Niveau. In den verschiedenen Seminaren werden die natürlichen Konzepte in theoretischer und praktischer Form unterrichtet, und dank moderner Lernmethoden ist es möglich, effektive Fortschritte und nachhaltige Veränderungen für Mensch und Pferd zu erzielen. Das Studienprogramm ist eine Lernmethode, die Schritt für Schritt die verschiedenen Stufen durchläuft, und jeder Student meistert sie in seinem eigenen Rhythmus. Spezielle Kurse über Pflege, Gesundheit und Heilung von Mensch und Pferd runden das Programm ab.

Danksagung

Wir danken aus vollem Herzen all den Pferden und Menschen, die die Entstehung dieses Buches ermöglicht haben. Das Buch war zunächst eine kurze Idee, ein »Blitz« im Feld der unendlichen Möglichkeiten, vage und ungeboren. Dieser Blitz entfachte ein Feuer und wurde zur Tat. Die Tat entfaltete sich zum geschriebenen Wort, zum gedruckten Wort, zum ganzen Buch, das jetzt hier vorliegt.

Wir danken allen voran unseren Kindern Ninya, Cino und Nell für die Geduld und Hilfe bei den vielen anfallenden neuen Aufgaben während des Schreibens und dafür, dass sie uns so lange entbehren konnten. Unseren Eltern danken wir für ihre Unterstützung und im Besonderen Horst und Ulrike für das Aufpassen auf Haus und Hof. Unserem AsvaNara-Team gilt Dank für ihre Präsenz, ihr Verständnis und die viele gute Arbeit, und allen anderen enthusiastisch beteiligten Menschen, die wir gar nicht alle aufzählen können, denn es sind so viele – danke Euch!

Ein Dank geht auch an unsere Mentoren, allen voran Pat und Linda Parelli für die tiefen Einsichten in die Pferd-Mensch-Beziehung, die uns die Jahre an ihrer Seite bescherte. Diese beiden besonderen Menschen haben unser Leben und das aller Pferde bedeutend beeinflusst und an sie, ihr Programm, ihre Mission geht unsere Verehrung.

Flora Daniel danken wir, dass sie unsere Seelensprache aufweckte und durch ihre wertvolle Arbeit Hindernisse aus dem Weg räumte – dank ihr konnten wir in Freiheit heiraten und wurden eine gesunde Familie. Danke an Hans Peter Zimmermann, der uns die erste Tür in eine freie Welt öffnete, an Anthony Robbins der die Grenzen, Begrenzungen und Konditionierungen aus unserem Leben entfernte. Brandon Bays danken wir für die tiefe Heilung, die sie dem Planeten schenkt;

sie hat unser Leben zu einer Symphonie der Gnade werden lassen, uns geholfen, zu sein, wer wir wirklich sind, mit konkreten Methoden, und wir freuen uns auf den gemeinsamen Weg, der noch vor uns liegt. Moreno Lupetti gebührt Dank für seine wertvolle Zeit und Einsichten in die Dynamiken der menschlichen Existenz, besonders zwischen Mann und Frau, und Deva Premal und Miten für ihre göttliche Musik, die uns beim Schreiben begleitete.

AsvaNara
EQUITAZIONE NATURALE

Weitere Informationen zu Kursen, Seminaren, Meetings und Lehrmaterial unter:

Akademie AsvaNara
Podere Le Querce
Loc. Grigliano 22
52036 Pieve Santo Stefano – AR
Italien

Tel 0039-0575-79 73 46
info@asvanara.com

www.asvanara.com

Ariane Schurmann & Edwin Wittwer

Was willst du mir sagen?
Die Seelensprache der Pferde

248 Seiten
ISBN 978-3-8434-0917-9

Pferde sind einzigartige Tiere und ein Spiegel unseres Seins. Um erfolgreich mit ihnen kommunizieren zu können, müssen wir sie verstehen – und das Erlernen der Pferdesprache ist eine faszinierende Reise zu uns selbst. In diesem Buch begleiten uns Ariane Schurmann und Edwin Wittwer auf dieser spannenden Reise und unterstützen uns dabei, ein natürlicher PferdeMensch zu werden. Die Autoren verfügen aufgrund ihrer langjährigen Erfahrung im natürlichen Umgang mit den edlen Tieren über ein immenses Wissen. Sie gehen davon aus, dass wir schon alles in uns haben, was nötig ist, um wirklich gut mit Pferden umzugehen – wir müssen nur die Barrieren überwinden, die uns davon abhalten, wir selbst zu sein. In dem Moment, in dem unser Herz sich den edlen Tieren öffnet, ist es leicht, ihre Sprache zu lernen – die Grenzen lösen sich auf, und Einheit entsteht.

Die tiefe Liebe der Autoren zu Pferden ist in jedem Satz dieses Buches spürbar. Lassen Sie sich von dieser Leidenschaft mitreißen, erfahren Sie mehr über diese außergewöhnlichen Tiere und sich selbst – und werden auch Sie ein wahrer AsvaNara!

»Es geht darum, dass wir den Weg nach Hause finden, nach Hause zu uns selbst. Es geht darum, dass wir das Schauen, das Zuhören und das Fühlen lernen. Es geht darum, dass wir uns erinnern. Es geht darum, weniger zu tun und mehr zu sein. Es geht um das Geschehenlassen, um das Lauschen, um das Sich-Öffnen und darum, einfach hier und jetzt präsent zu sein …«